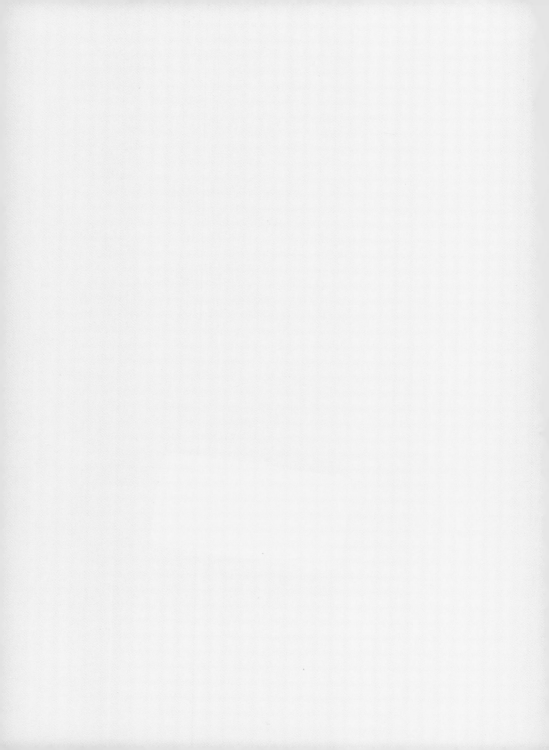

서낭당

서낭당의 개념과 어원

서낭당이란

마을 입구나 마을의 성소인 당산터, 고갯마루, 산록 등에 위치하며 신앙의 대상이 되는 돌무더기를 흔히 서낭당이라 한다. 이런 돌무더기는 종종 벅수, 짐대, 선돌, 신당(神堂), 신목 등과 함께 서낭당의 한 형태를 이루지만 사실 이와 같은 복합적인 서낭당 형태가 현재까지 남아 있는 경우는 매우 드물다. 오히려 신목과 함께 돌무더기가 있거나 돌무더기가 단독으로 있는 형태, 오래된 나무에 가옥 형태의 신당이 결부되어 있거나 신당 단독으로 서낭당을 삼아 이것이 마을 공동체 신앙인 서낭당의 거소(居所) 또는 서낭신격으로 예배되는 사례가 많다.

이처럼 서낭당이 돌무더기를 기본 형태로 삼고 있으면서도 오늘날 남아 있는 예가 주로 신당 형태라는 사실은 서낭 신앙의 이해에 있어서 돌무더기로서의 서낭당과 신당으로서의 서낭당으로 고려되어야 함을 의미한다. 이 둘은 마을이나 지역 수호신인 서낭 신앙을 의미한다는 점에서는 동일하지만 전자 곧 돌무더기 서낭당이 주로 개인적인 기원(祈願)과 더불어 공동체 수호에 관련된 토속적 신당이라면, 후자인 신당 형태의 서낭당은 유교 제의와 습합된 마을 공동체 신앙과 연관된 것이다.

여기서 민간 신앙의 한 형태로서 서낭당을 돌무더기 또는 신당 형태로만 접근할 경우 다른 형태의 서낭당에 대한 접근은 극히 제한적일 수밖에 없다. 따라서 오늘날의 서낭당과 서낭 신앙을 이해하기 위해서 돌무더기형 서낭당과 신당형 서낭당이라는 두 가지 형태를 함께 다루면서 이들 신앙 사례들을 통해 서낭당 신앙의 기원 및 전개 과정, 신앙 양상 등에 접근해 보고자 한다.

어원(語原)

서낭, 선왕(城隍, 仙王), 천왕당, 골모기, 골매기서황, 국수(시)당, 국수서낭당, 사신서낭당, 진대서낭 등으로 지역에 따라 다양하게 불리우는 서낭의 어원에 대해서는 아직 정확히 알려진 바가 없다. 다만 여기서는 서낭의 어원이 각각 '산왕(山王)', '상왕(上王)', '성황(城隍)' 등에서 유래되었다는 서낭 어원설에 대해 간략히 소개하고자 한다.

'산왕설'은 서낭이 산신인 산왕에서 유래되었다는 주장이다. 곧 산왕에서 음운 변화 현상에 의해 점차 서낭이 되었다는 것이다. 이 설은 서낭의 어원을 밝힐 뿐 아니라 서낭 신앙이 천왕당, 천신, 산신 신앙과도 관련된 것임을 의미하는 것이다.[1] 그러나 서낭당이라는 말이 산신 신앙에서 유래되어 나온 것이라면 왜 군이 돌무더기로 산신인 서낭을 표현하고 이를 신앙의 대상으로 삼게 되었는가 하는 점을 명확히 설명할 수 없다.

'상왕설'은 흔히 '배서낭기'에 '상(上)'자를 써놓고 서낭은 가장 높은 어른이므로 이 한자를 썼다는 현지에서의 사례와 이 서낭기가 신간(神竿)의 의미를 지닌다는 점에 근거한다. 곧 서낭은 높은 곳에서 내린 신이었을 것이므로 천신(天神)을 지칭하는 최고의 신인 상왕(上王)에서 전성되었다고 보는 것이다.[2] 이 상왕설에서는 서낭의 형태가 흔히 돌무더기나 신당(神堂)으로서 나타나는데 배서낭의 서낭 또는 배서낭기와 형태면에서 본질적

서낭당에 꽂힌 서낭기 서낭기의 '상' 자는 서낭의 어원설인 '상왕설'의 근거가 된다. 대관령 산신제.

으로 차이가 나는 점을 설명하지 못하는 취약점을 지니고 있다.

　다음으로 '성황설'은 중국의 성황 신앙(城隍信仰)이 전래되어 이 성황에서 서낭이 나왔다는 사대주의적 문화 사상의 학설이다. 그러나 이 설도 중국 성황이 전래된 뒤에 서낭 신앙이 발생한 것인지 아니면 이에 앞서 돌무더기가 전해져 오다가 성황에서 음을 빌려 와서 서낭이라 한 것인지가 분명히 설명되지 못하고 있다.

　이와 같이 종래의 서낭 어원설은 아직까지 충분히 해명되지 못하고 있는 실정이다.

발생 배경

서낭당의 유래담

서낭당의 외형적 특색이기도 한 돌무더기는 그 형태로 인해 서낭당탑, 수구탑, 수구맥이, 할미당, 천왕당, 돌선왕, 원탑, 돌탑, 조산, 조산탑, 돌무덤, 말무덤으로 불리기도 한다. 돌을 탑(塔)처럼 쌓아 올린 서낭당의 형태가 마치 무덤과 비슷하기 때문인 듯하다. 이 때문에 서낭당의 발생에 관한 전설은 대체로 돌무덤과 연관되어 있다. 한 예로 서낭당이 주(周)나라 강태공(姜太公)의 부인 마씨(馬氏)가 죽은 뒤 만들어진 무덤이라는 다음의 유래담을 들 수 있다.

옛날에 강태공은 가계의 빈궁은 돌보지 않고 수도에만 전심하였기 때문에 그 처 마씨는 마침내 이를 견디지 못하고 가출하였다. 그뒤 무왕(武王)은 강태공의 현명함을 듣고 그를 수령으로 삼았다. 하루는 강태공이 길을 나서자 백성들은 수령이 지나간다 하여 길을 닦아 주었다. 이 길을 닦는 백성들 중에는 강태공의 처도 있었다. 강태공은 마침 영상(嶺上)에 있어서 그 처를 발견하고 마차에서 내려 처를 불렀다. 마씨는 기뻐하고 한편 부끄러워하면서 강태공에게 다시 맺어지기를 청했다. 그러자 강태공은 한

돌무더기 서낭당 서낭당의 외형적 특색이기도 한 금줄과 짚구럭으로 신성시된 돌무더기는 '탑', '돌무덤'으로 불리기도 한다. 돌로 봉분처럼 쌓아 올린 서낭당의 형태가 마치 무덤과 비슷하기 때문인 듯하다. 충북 옥천군 군서면 은행리.

사발의 물을 구하여 그것을 땅에 붓고 그 부은 물을 다시 그릇에 채우면 허락하겠다고 하였다. 이에 마씨는 물은 없고 마음은 급하여 여러 사람의 침을 구하러 돌아다니다가 마침내 뜻을 이루지 못하고 비탄에 잠겨 그곳에서 죽고 말았다. 사람들은 이 여인의 죽음을 가엾게 여겨 시신을 돌로 덮어 무덤을 만들어 주고 그곳을 지날 때마다 침을 뱉어 그녀를 위로해 주었다.

이 이야기는 서낭당의 발생 유래담 가운데 가장 널리 알려진 것으로 지역에 따라 또는 구술자에 따라 조금씩 다르게 전해지기도 한다. 다음은 그 대표적인 예들이다.

마씨가 결연을 청하자 태공은 침 세 사발을 뱉어 놓으면 허락하겠다고 하였다. 그러나 마씨가 두 사발까지 채우고 마지막 사발째에 침이 말라 죽으니 그 자리에 묻고 돌로 덮어 주었다. 그 뒤 이 무덤 옆을 지나는 사람들은 다 채우지 못하고 죽은 마씨를 위로하고자 침을 세 번씩 뱉게 되었고 또 시신이 드러나지 않도록 돌과 솔가지로 덮어 주었다.

마씨가 결연을 청하자 태공은 도리어 말꼬리에 마씨의 머리를 풀어 매달고 달리게 하여 죽였는데 서낭당은 이렇게 불쌍하게 죽은 마씨의 혼을 위로하는 신사이다.

강태공은 특히 가난하여 오히려 부인 마씨를 버리고 표랑의 길을 떠났다. 그뒤에 출세하여 고향을 지나다가 부인을 찾아보니 부인은 한결같이 남편만을 위하다가 굶주리고 지쳐 찾아온 남편을 보면서 죽고 말았다. 이에 마씨 부인을 위해 신당을 짓고 돌을 쌓았다.

가출한 부인이 그뒤 태공이 입신하였다는 말을 듣고 가출한 것을 원통히 여겨 분을 이기지 못하고 죽자 돌무더기로 덮어 무덤을 만들어 주었다.

위의 전설들에서 알 수 있는 것은 서낭당이 옛날에 불쌍하게 죽은 강태공의 처를 위한 무덤으로 만들어진 것이며 지날 때마다 서낭당에 침을 뱉는 것은 그녀가 침을 구하다 죽었기 때문이라는 사실이다. 결국 위 전설들의 핵심은 원통하게 죽은 부인의 영혼을 위로하기 위해 돌로 무덤을 만들었는데 이것이 바로 서낭당이 되었다는 것이다. 특히 전설에는 서낭당에 침을 뱉게 된 유래까지 드러나 있는데 경우에 따라서는 그 이유를 강태공의 행위에 대한 미움으로 설명하기도 한다.

이처럼 서낭당의 발생에 대한 마씨 무덤 이야기와 아울러 서낭당에 침을 뱉게 된 이유가 여러 가지로 전해지는 점으로 미루어 민간에서 유래된 전설은 이미 서낭당이 형성된 뒤 그에 수반되는 어떤 특정한 행위에 대한 후세의 부회적(附會的)인 설명이라고 해야 할 것이다. 그런데 이 서낭당 유래담이 모두 중국을 배경으로 하고 있다는 사실에서 혹시 중국의 성황 신앙이 전래되어 한국의 서낭 신앙이 된 것은 아닌가 하고 추측해 볼 수 있을 듯하다. 이 점에 대해서는 뒤에서 좀더 자세하게 살펴보기로 하겠다.

서낭당의 유래에 대해서는 다음과 같은 이야기도 있다. 곧 미혼의 처녀가 죽으면 길가에 석총(石塚)을 쌓아서 묻고 그곳을 통과하는 많은 남성에게 접촉하게 함으로써 원한을 풀게 했다는 것이다. 또 단순히 옛사람의 무덤인데 해골이 보이지 않도록 하기 위해 그 위에다 돌을 던져 석분(石墳)을 만든 것이라고 말하기도 한다.

이 이야기들은 모두 무덤에서 유래된 것이기는 하지만 마씨 부인의 경우처럼 중국을 배경으로 하고 있지는 않다. 이렇게 보면 서낭당이 군이 중국에서 유래된 것이라고도 할 수 없다. 다만 한결같이 서낭당을 옛사람의 돌무덤에서 나온 것이라고 설명하는 이러한 유래담에서 사람들의 심리를 파악할 수 있을 뿐이다.

이 밖에도 서낭당의 유래담으로는 '석전 전설(石戰傳說)'과 '소진량 전설', '등금 장수(소금 장수) 전설' 등이 전한다.

먼저 석전 전설은 조선 명종 초에 외란에 대비하고자 고갯마루에 돌을 모아 쌓은 것이 서낭당이 되었다고 하는 유래담이다. 소진랑 전설은 '성조본가(成造本歌)'에 보이는 것으로 황우량이 천상(天上)의 공사차 출타한 사이 간악한 소진랑이 황우량의 처를 범하려다 실패하자 그 처를 가두고 갖은 고초를 다 주었는데 마침 황우량이 돌아와 소진랑을 벌하고 그의 처를 되찾았다는 내용을 담고 있다. 특히 이 전설은 소진랑을 길가의 서낭신으로 만들어 오가는 행인들의 더러운 침을 받게 하였고 황우량 부부는 성주신이 되었다고 하는 무가이다. 등금 장수 전설은 옛날에 소금, 멸치 등을 팔아 쌀보리와 맞바꾸어 겨우 생활을 해나가던 등금 장수가 딸을 데리고 이 마을 저 마을을 전전하다가 고단하고 짐은 무겁고 하여 앉아 쉬다가 쓰러져 죽은 장소가 서낭당이라는 이야기이다. 이때 돈 있는 사람은 가족의 평화, 행복, 장수 등을 위하여 대나무에 백지·비단 등을 걸어 놓아 등금 장수 딸을 위로하고 양밥해 준다(추운 사람 이불 덮어 주는 격) 하여 돌을 얹어 주고 귀신이 붙지 못하게 침을 세 번 뱉었다는 것이다.

이와 같은 전설에서 보면 첫번째 것은 서낭당이 돌무더기로 쌓여 있다는 점에서 한국 민속 가운데 돌싸움 놀이와 관련 있는 것으로 생각되며 두 번째 것은 무속의 한 절차에 서낭굿이 포함되면서 무속상의 신으로 설명된 것으로 보여진다. 더욱이 무가에서는 서낭당에 침을 뱉는 행위를 '더러운 것' 또는 '혐오스러운 것'으로 보아 서낭신이 악한 짓을 하였기 때문에 응징의 뜻으로 사람들이 침을 뱉게 된 것이라고 설명하고 있다. 이러한 설명 또한 이미 서낭당이 생긴 뒤에 서낭당의 외형이나 서낭당에 침을 뱉은 행인들의 행위를 설명하고자 한 데서 비롯된 부회담이다.

한편 이러한 유래담에는 평소 일반 민중들이 돌무더기 서낭당에 대해 지녔던 소박한 호기심과 의문점에 대한 해답이 감추어져 있다. 이러한 전설들을 통해 민중들은 서낭당이 생겨나게 된 배경의 근원과 서낭당에 침을 뱉는 이유를 스스로에게 설명하고 있는 것이다. 이 전설들은 민중들에게

안성 청룡사의 돌무더기 민속 신앙과 불교의 만남이며 신앙 의례로서 정성이다.

서낭당의 발생에 대한 합리적인 설명을 부여하고 이를 재인식시킴으로써 서낭당에 새로운 전승력과 생명력을 불어넣는 순환적인 기능을 하고 있다.

유래담에는 또한 민중의 의식이 반영되어 있다. 그것은 불행하게 죽은 한 여인의 비극을 동정하는 의미로 서낭당의 발생을 설명하는 한편 남편이 불우할 때 가출한 부인의 행위를 질타하고 재연을 청한 부인에게 결코 실행될 수 없는 요구를 한 강태공을 증오하는 의미로 침을 뱉게 되었다고 하는 설명에 잘 나타나 있다.

이러한 의식은 소진량 전설에서도 확인된다. 처음부터 소진량을 악인으로 설정한 뒤 그의 행위를 부정하게 여겨 침을 뱉게 되었음을 보여 주고 있는 것이다. 이런 점에서 비록 전설이 사물의 유래에 대한 의사(擬似) 과학적인 설명담이라 할지라도 민중들은 이를 통해 서낭당의 발생과 자신들의 서낭당에 대한 태도를 적절히 상징화하고 있음을 알 수 있다.

서낭당의 발생에 대한 설명 가운데 마씨 무덤 전설이나 돌싸움 전설이 대체로 그 외형에서 유추된 것이라고 한다면 소진량 전설은 형태보다는 서낭당에 침을 뱉게 된 배경에 더 큰 관심을 기울이고 있다. 또한 악신으로서 서낭신의 발생을 설명하고 있는 점도 앞의 전설과는 다르다.

이처럼 서낭의 유래담 한편에는 서낭신의 출현을 이야기하는 전설이 있다. 소진량과 같은 악신으로 설정된 것은 아니지만 서낭신의 발생에 대해서는 다음과 같은 '서장 애기 전설'이 북한 지방에서 채록된 바 있다.

황금산의 황주지라는 신승(神僧)이 어느 대가의 딸 서장 애기와 정을 통하여 3태자를 낳았는데 뒤에 서장 애기는 직성성인(直星聖人)이 되고 그 조부는 도성황신(都城隍神), 그 부는 선왕 곧 성황신(城隍神), 그 모는 고산성인(高山聖人), 3태자는 3제석이 되었고 시누이는 국사당신(國師堂神)이 되었다.

　　　　　　　　　　　　　　　　　　　—평안남도 양덕읍 수덕리 무녀 박장손 담

강원도 명주군 심곡리 서낭당의 서낭신 고대로 거슬러 올라갈수록 여신이 우세했다는 점과 현재 민간 신앙에서도 남신보다 여신이 보편적이라는 점에서 여서낭신은 보다 오래된 신앙 대상체였다고 볼 수 있다.

황금산 신승과 서장 애기 사이에 7형제가 나고 뒤에 서장 애기 모는 죽어 선왕당의 신이 되고 7형제는 죽어 북두칠성의 신이 되었다.

—황해도 해주

이 두 전설은 신의 출생을 이야기하고 있다는 점에서 신화(神話)의 범주에 들어갈 수도 있는 이야기지만 신의 출현 과정만 언급되어 있을 뿐 신화의 특성이기도 한 신의 초월적 능력은 전혀 나타나 있지 않다. 또한 동일인물이 등장하면서도 죽은 뒤의 신격화는 서로 다르다. 곧 평안도의 전설에서 서장 애기의 부계(父系)가 서낭신으로 설정되어 있는 반면 황해도의 전설에서는 서장 애기 자신이 서낭신이 된 것으로 전해지고 있는 것이다. 이와 같은 차이는 전설 속에 한국의 사회 구조가 반영되어 있는 데서 비롯된 것인지도 모른다. 곧 고대 사회에서 점차 부계가 강조됨에 따라 설화에서조차 본래 여신이었던 서낭신을 남성화한 것은 아닌가 하는 점이다. 고대로 거슬러 올라갈수록 여신이 우세했다는 점과 현재 민간 신앙에서도 남신보다는 여신이 보편적이라는 점에서 여신이 좀더 고형적인 신앙 대상체였다고 생각해 볼 수 있는 것이다.

어쨌든 서낭신과 관련된 위의 유래담들은 서낭당 또는 서낭신이 이미 나타난 뒤에 민중들이 가졌던 의문과 호기심에 이끌려 형성된 하나의 상징과 부회담에 불과하다. 그러나 이 유래담들은 서낭신과 서낭신에 대한 민중들의 관념을 반영하고 있다는 점에서 의의를 찾는다.

서낭[石積]의 등장과 그 의미

문헌상 돌무더기가 처음으로 의미를 갖고 나타나게 된 것은 삼국시대에 들어와서이다. 『삼국사기』 백제 본기에[3] 보면, 왕이 고구려군의 침략을 막으며 추격하여 수곡성(水谷城)이란 곳까지 이르렀으나 신하의 간하는 말에 따라 추격을 중지하고 그곳에 돌을 쌓아 표시를 한 뒤 좌우 신하에게 "후에 누가 이곳까지 올 수 있겠는가"라고 했다는 기사가 전한다. 왕이 신하에게 말한 기사 가운데 '적석위표(積石爲表)'는 백제가 고구려군을 쫓아 멀리까지 온 일을 기념하고 아울러 고구려와 백제의 경계를 표시한 것이었다. 이 이야기는 돌무더기가 고대에 이미 하나의 기념물 또는 경계의 표시물로 건립되었음을 시사하고 있다.

돌무더기로 경계표를 삼은 예는 또 있다. 『통도사사적약록(通度寺事積略錄)』의 '사지사방산천비보(寺之四方山川裨補)' 조에 보면 사찰의 사방에 비보를 위해 장생표(長生標) 12기(基)를 세웠는데 이때 장생표를 한 것은 목방(木傍), 석비(石碑), 석적(石積) 등이었다고 한다. 여기에서 장생표는 물론 사역(寺域)의 비보를 위해 세운 것이기는 하지만 그 이면에는 목방,

무덤 주위에 쌓은 돌담　경계 표시로 돌을 쌓은 예이다. 돌무더기가 어떤 기념의 표시나 경계표로 조성되고 있어 경계 밖의 사람들에게는 금표적인 의미와 경계 수호의 뜻을 지닌다. 제주도.

석비, 석적 등으로 사찰을 외부와 경계 짓고자 한 의도가 담겨져 있음을 알 수 있다.

또 『탐라지(耽羅志)』에는 본래 토지 경계가 없이 백성들이 농사를 지어온 제주도에서 점차 강포한 자들이 토지를 잠식해 가자 백성의 고통을 안 김구(金坵)라는 판관이 돌을 모아 담을 쌓고 이로써 경계를 삼게 하였다(聚石築垣爲界)는 내용이 전한다. 이 이야기도 경계 표시로 돌을 쌓은 한 예가 된다. 이와 같은 석원(石垣)은 또한 일부 도서 벽지에 이른바 '우실'로 잔존하고 있는 풍속이기도 하다. 우실이란 마을의 울타리라는 뜻인데 자연으로부터 물리적 재해를 막아 주는 실용적인 기능 외에도 잡귀, 잡신, 액, 살 등과 같은 보이지 않는 위해로부터 사람들을 보호해 주는 심리적인 기능도 지닌다고 한다.[4]

이상의 사례를 통해서 돌무더기가 어떤 사건에 대한 단순한 기념 표시물이나 경계표로 조성되었음을 알 수 있다. 또한 돌무더기가 나무보다는 보존성이 강하고 석비나 선돌과 같은 석괴(石塊)에 비해 건립하기가 비교적 용이하며 또 주위에서 쉽게 구할 수 있다는 점도 돌무더기의 성행을 가져온 한 요인이 아닌가 생각된다. 이처럼 돌무더기로 경계표를 삼은 것은 다시 안과 밖을 구분하여 경계 밖의 사람들에게는 금표(禁標)적인 의미와 함께 경계 수호의 뜻을 지니지만 경계 안에 거주하는 사람들에게는 오히려 동질감과 안도감을 부여하는 의미가 되기도 한다. 따라서 이러한 표지물에서 점차 돌무더기 서낭에 대한 신앙상의 의미도 형성되어 마침내 돌무더기가 숭배의 대상으로 신앙된 것이라고 할 수 있다.

서낭의 상징성

이처럼 돌무더기 서낭이 지닌 경계신적 속성은 경계의 상징성에 의해 더욱 구체화된다. 대개의 경우 경계는 인위적으로 설정되며 이 경계를 분명

수구멕이 선돌　마을지킴이로 제의시 일상을 성과 속으로 경계짓는 신앙 성표의 의미를 지닌다.

히 가시화하려는 의도에서 경계표가 나타났다고 할 수 있다. 경계에 대한 관념은 영역에 대한 일정한 인식을 바탕으로 하여 이 경계 안에서 우선적인 권리를 주장할 수 있는 근거를 제공한다.

무엇보다도 경계에 담겨져 있는 상징성은 '분리'의 제시에 있을 것이다. 이 경계를 기준으로 안과 밖이 나누어지며 우리와 타인이 구별되고 나아가 성스러움과 속됨, 선과 악이 구분되기도 한다. 곧 경계의 안은 우호적인 우리가 거주하는 곳이지만 경계 밖은 적대적일지 모르는 미지의 세계가 있는 곳이다. 게다가 이 경계표로써 경계 안은 선하고 성스러운 공간이 되지만 경계 밖은 속된 공간이 된다. 경계표는 이처럼 물리적인 공간을 성(聖)과 속(俗), 선(善)과 악(惡)으로 나눌 뿐 아니라 양자를 명확히 구분짓고자 하는 하나의 상징물로서 조성되었다는 점에서 그 발생 배경을 찾아볼 수 있다.

이것은 고갯마루 등에 쌓여져 있는 돌무더기 서낭에서도 찾아볼 수 있다. 가령 서낭이 놓여 있는 고개를 넘어가는 사람에게는 이 서낭이 하나의 거리신, 수호신이자 경계표일 수 있다. 통행인이 고개를 넘는다는 것은 곧 '이곳'에서 '저곳'으로의 통과를 의미하며 이때 행인은 서낭을 통해 한 영역에서 안전을 인식하게 된다. 따라서 행인은 이 영역을 통과할 때 서낭에 일정 공물을 바침으로써 통과하기 전에 자신에게 붙어 있을지 모르는 온갖 '궂은 것'을 씻어내고 또 그 뒤에 닿을 새로운 영역에서의 보장을 기대하는 것이다. 이때 서낭에 바치는 간단한 공물이나 의례적인 행위에 대해서는 침을 세 번 뱉고 돌을 세 개 정도 던져 놓거나 솔잎가지를 세 개 던지거나 또는 왼발로 디딘 채 지면에서 세 번 뛰었다는 내용이 전해진다.

이러한 행위 또한 영역의 통과에 따른 액막이이다. 그 밖에도 서낭을 통과하거나 서낭목에 서낭 제사를 올릴 때는 공물로 금줄을 드리우고 지편(紙片), 포편(布片), 오색의 견편(絹片), 의편(衣片)이나 모발, 전화(錢貨), 기명(器皿) 등을 서낭목에 걸기도 했다. 특히 옷조각이나 오색의 비단천 등은 신혼부부와 관련하여 서낭목에 바쳐지기도 하는데 이러한 민속

에서도 서낭당이 지닌 지역의 수호신, 경계표, 경계의 수호신으로서의 속
성을 엿볼 수 있다.

　오색의 금편(帛片)을 거는 것은 신랑 신부가 부모의 집을 떠나서 새 집
으로 옮겨갈 때 부모계의 가신(家神)이 그들을 따라가는 것을 막기 위한
것이라 한다.

　신부가 자기의 의복 조각을 찢어서 선왕당의 나뭇가지에 건다는 것은
부모의 가신이 그 이상 수행하지 아니하고 본래의 집으로 돌아가는 것을
의미하는 것이다.[5]

혼인은 그 자체가 새로운 사회적 지위로의 변화를 뜻하는 동시에 신부에
게는 거주지의 변동을 수반한다. 이것은 자신의 일상적인 세계에서 새로운
세계로 변화를 감수해야 하는 사건이다. 위의 사례는 이러한 변화에 대응
하는 한 수단으로서 신부가 자신의 거주지를 넘어서는 곳 즉 서낭목이 있
는 곳에 자신의 의복 조각이나 비단 천조각을 공물로 바쳐 사회적 변화를
추인한 것임을 말해 준다. 여기에서 서낭이 지닌 경계신적 의미가 남아 있
음을 보게 된다.
　돌무더기가 지닌 두 번째 수호신적 상징으로는 돌의 '영원성', '불변성'
등을 들 수 있다. 영원성과 불변함은 인간의 능력을 넘어선 초월적인 신의
능력을 의미한다. 사실 서낭에 대한 신앙성도 서낭에 이러한 초월적인 신
의 능력을 부여한 점에서 찾을 수 있다. 나아가 서낭의 초월성은 바로 서
낭의 돌이 의미하는 성격에서 찾아야 할 것이다. 돌은 그 자체에 외력(外
力)이 가해지지 않는 한 영원히 존재하며 불변하는 견고한 물체이기 때문
이다. 결국 서낭의 상징성은 이런 영원함과 견고함을 드러내는 돌의 성질
에서부터 초월성을 인식하고 이를 신성시한 점에 근거한다고 할 수 있다.
　한편 지상에 원추형으로 쌓여진 산 모양의 형태로부터 돌무더기는 '천상

마을의 오래된 나무는 서낭신으로 신앙되며 이곳을 통과할 때는 공물로 지편·포편·견편 등을 바친다.

과 지상의 연결 통로'라고 하는 또 하나의 상징성을 찾아볼 수 있다. 가령 단군 신화에서 환웅이 태백산을 통해 지상에 내려온 것이나 가야국의 시조가 구지봉(龜旨峰)으로 내려온 것은 무엇보다도 산이 천상과 지상을 연결할 수 있는 통로였기 때문이었다. 이처럼 천신이 지상으로 하강할 때는 지상에서 천상을 향해 좀더 돌출된 지점을 통하는 것이 일반적이었다. 이처럼 서낭의 형태가 산의 모양과 흡사하다는 점에서 서낭도 천신의 하강로로 간주되었을 것이며 또 하강한 천신의 거주처로 인식되었을 수도 있다. 그리고 산 모양의 서낭은 차츰 산신이 거주하는 곳으로도 생각되어 결국 서낭 신앙과 산신 신앙이 복합된 성격을 지니게 된 것이다.

신진도의 돌무더기 서낭당

이상에서 서낭의 발생에 대한 유래담과 등장의 배경 그리고 그 상징성을 살펴보았다. 유래담이 이미 발생한 서낭에 대한 후세인의 부회담이라는 것에 이어 서낭의 등장을 경계신·수호신의 의미에서 추적해 보았으며 경계신으로서 서낭이 지니는 상징성으로 분리성과 초월성을 지적하였다. 그리고 그 형태로부터 유추된 수호신·경계신의 신체, 천신의 통로, 거소와 산신 신앙과의 복합성 등은 서낭 신앙의 발생 배경이다.

서낭 신앙의 기원과 전개

서낭 신앙의 기원에 대해서는 특히 외형적 특색을 보이는 돌무더기, 신목, 신당 형태와 서낭신의 의미로서 서낭당, 성황당이라는 명칭에서 크게 다음 두 가지로 생각되어 왔다. 곧 우리나라에서 발생한 것이라고 보는 민족 고유 자생 신앙설(固有自生信仰說)과 몽골이나 중국에서 전파되어 온 것으로 보는 북방 전래설(傳來說)이다. 이 장에서는 먼저 이러한 기원설을 소개한 뒤 우리나라에서 서낭 신앙이 전개된 과정에 대해 설명하고자 한다.

서낭 신앙의 기원

서낭 신앙의 민족 고유 자생설은 서낭 신앙이 우리의 고유한 민속에서 발생했다고 보는 입장이다. 이러한 입장을 보이는 대표적 인물은 한국 민속학의 태두 손진태와 조지훈으로서 돌무더기 서낭이 우리나라 고대인들의 원시적 경계 표지의 필요성에서 나온 것으로 보았다. 또 이 경계표 돌무더기에서 차츰 경계신의 처소, 제단(祭壇) 개념이 형성되어 경계신의 신체(神體)로 인식하게 되었다는 것이다. [6]

이러한 서낭 신앙 자생설은 이후 관련 학자들에게 긍정적으로 수용되어

세속을 벗어 던지고 성속으로 가는 길은 싱그럽다. 산사를 찾는 깨끗한 마음 때문인지 발뿌리에 차인 돌은 손으로 주워 던지면 정성을 쌓은 서낭이 된다.

서낭 신앙의 연원을 우리나라의 고유한 신앙에서 찾고자 하는 시각을 제시하였다. 조지훈은 서낭 신앙의 연원을 단군 시대까지 거슬러 올라가서 찾았을 뿐 아니라 신수(神樹), 신간, 조간(鳥竿, 솟대), 목우(木偶, 장승) 등의 기원도 단군 신화에서 찾고 있다.[7] 김태곤도 서낭의 본질이 우리나라 고유의 산신 신앙과 그에 선행한 천신 신앙에 있는 것으로 간주하여 마찬가지로 고유 민속에서 서낭 신앙의 기원을 구하고 있다.[8]

아울러 서낭당이 돌싸움에 대비하여 고갯마루 등에 돌을 쌓아 놓은 것에서 발생된 것으로 보는 입장도[9] 자생설로 간주될 수 있다. 이미 잘 알려져 있다시피 돌싸움은 고구려에서 나타나 최근까지 전승되어 온 민속놀이인데 이러한 민속놀이와 연관시켜 돌무더기 서낭당의 연원을 구하는 것은 곧 서낭당이 고유한 민속에서 비롯되었다고 보는 입장이 되기 때문이다.

이와 같은 민족 고유 자생설에 반해 서낭당이 외부에서 들어온 것이라고 보는 전래설은 크게 몽골의 '오보 전래설'과 중국의 '성황 영향설'로 나누어진다.

'오보'란 흙이나 돌을 원추형으로 쌓아 올리고 그 상부에 버드나무 가지한 묶음을 꽂아 두거나 목간을 세워 놓은 것을 말한다.[10] 오보를 통과하는 사람은 반드시 하마(下馬)하여 이에 배례(拜禮)하고 지나가며 이때 오보의 나뭇가지에 공물로 예백(禮帛)을 걸어 놓거나 오보에 돌을 던져 기원하기도 한다.[11] 오보는 대개 산상(山上)이나 구상(丘上), 호숫가 등에 위치하지만 종종 마을의 경계나 라마묘와 같은 성역 등에 건립된 것도 보인다. 또한 그 형태 면에서도 한 개의 돌무더기로만 있는 독립 형태와 한 개의 대형 오보를 중심으로 소형 오보가 일렬로 배열된 형태 및 십자형으로 배열된 형태로 건립되기도 한다. 몽골인은 이와 같은 오보를 산신이나 수신(水神)의 처소로 여겨 신성시하며 개인적 혹은 집단적으로 매년 5월에서 7월 사이에 제사를 올려 여행의 안전과 마을의 평안 또는 목축의 번성 등을 기원한다고 한다.

오보는 몽골뿐 아니라 시베리아를 비롯하여 중국의 동북부에서 서북부에 이르는 유라시아 대륙 북부에 널리 분포한다. 그 중심체가 돌무더기라고[12] 하는 점에서 보면 우리의 서낭당도 이 유라시아 돌무더기 분포권에 속하며 동시에 그 형태나 신앙 요소가 몽골의 오보와도 유사하다는 것을 확인할 수 있다. 특히 여행의 안전을 빌기 위해 돌을 던진다거나 오보의 나뭇가지에 포백편(布帛片)이나 오색천 등을 묶는 현납속(縣納俗), 돌무더기를 신의 거소로 인식하여 이를 신성시하고 매년 정기적인 제의를 바치는 것 등은 서낭과 오보 신앙에 있어서 양자간의 밀접한 관계를 보여 주는 요소들이다.

이런 점에서 우리의 민족 고유 서낭 신앙이 선사시대 이후부터 몽골로 수차례 전파되었거나 아니면 몽골의 오보 신앙이 전래되어 우리의 고유 신앙 속에 수용된 것으로 볼 수 있다. 그 문화 교류 시기는 우리와 몽골이 문화적·정치적으로 관계가 깊었던 고려 후기인 13세기 말에서 14세기 중반경으로 볼 수 있다. 더욱이 몽골이 한동안 직령지로 삼아 통치한 제주도에서 '서낭'이라는 명칭은 들을 수 없어도 돌무더기와 신목에의 현납속이[13] 전래되는 점에 비추어 볼 때 서낭 신앙의 상호 수용과 몽골의 오보 신앙과의 관계를 유추할 수 있을 듯하다.

한편으로 중국 성황의 전래에서 서낭의 기원을 찾는 주장도 비교적 일찍부터 제시되어 왔다. 조선 후기의 학자 이규경(李圭景)은 그의 저서에서 "우리나라 도처의 고갯마루에는 선왕당(先王堂)이 있는데 이것은 성황이 잘못된 것"[14]이라 하여 서낭을 성황이 잘못 발음된 것으로 보았다. 또 이익(李瀷)이 당시 민간에 퍼져 있는 서낭신을 다음에서처럼 한자로 '성황신(城隍神)'이라 표기한 것도 그런 사례가 된다.

우리나라 풍속에 귀신 섬기길 좋아하여 혹은 화간(花竿)을 만들고 지전(紙錢)을 달아 촌무(村巫)들은 항상 성황신(城隍神)이라 칭한다.[15]

서낭을 성황으로 표현하고 있는 것은 곧 중국 성황에서 서낭이 유래했다고 하는 견해를 보여 준다. 사실 성황과 서낭은 그 음이 유사할 뿐더러 현행 민속에서도 한자로는 '城隍'이라 쓰고 읽기는 '서낭'으로 발음하고 있는 예를 자주 보게 된다. 또한 중국의 성황 신앙이 우리나라에 전래된 뒤 조선시대에 관제 신앙(官祭信仰)으로서 각 부(府)·군(郡)·현(縣)마다 설치된 것을 보면 이런 성황 신앙의 성행은 어떤 형태로든지 민간의 서낭 신앙에도 영향을 미쳤을 것으로 생각된다. 더욱이 성황에 대해서는 적잖은 문헌 기록들이 전해지고 있어 우리나라 서낭 신앙의 전개 과정을 살펴보는 데에도 유용한 자료들이 되고 있다. 다음에서는 중국 성황 신앙의 전래와 민간에서의 서낭 신앙 전개 과정에 미친 영향 등에 대해 살펴보기로 한다.

서낭 신앙에 수용된 성황 문화와 그 수용

성황이란 본래 성지(城池)와 같은 말이며 성지란[16] 성을 보호할 목적으로 성 주위에 도랑을 파 물을 채운 시설을 뜻한다. 중국에서는 한 해의 수확을 마친 뒤에 12월에 천자(天子)가 천하(天下)에 대제(大祭)를 지내는 것으로 여덟 가지가 있는데 그 가운데 일곱 번째의 대상이 수용(水庸)이다.[17] 수용은 성황을 일컫는 말로 이것이 수확과 수호의 성황에 대한 최초의 제사이다.[18]

그러나 중국에서 실제로 성황이란 말이 보이는 것은 북제시대에[19] 들어와서인데 성읍의 수호신으로 신앙된 것으로 보인다. 이후 당(唐)나라 때에는 성황에게 왕의 작호(爵號)를 부여하였고 마침내 송(宋)나라에 이르러 천하에 두루 퍼졌다고 한다.[20]

종래에는 중국의 성황 신앙이 우리나라에 들어온 시기를 고려 문종(文宗) 9년(1055)에 선덕진(宣德鎭)에 성황 신사를 두었다는 기사[21]에서 구하는 것이 통설이었다. 그러나 이 문종대의 기사에 앞서 이미 성종(成宗) 때에도 성황당(城隍堂)에 관한 기사가 보인다. 곧 태조의 아들인 안종(安宗)

강릉시 강동면 정동에 있는 서낭당   동해안 바닷가 마을에서 풍어와 만선을 빌고 바다에서 사고가 일어나지 않기를 비는 어민들의 서낭굿에서는 바다 용왕이 큰 신앙으로 믿어지고 있다.

욱(郁)이 자신이 죽으면 사수현(泗水縣)의 성황당 남쪽에 묻어 달라고 유언했다는 기사가 그것이다.[22] 이것은 문종 때에 보이는 성황 신사의 기사보다 약 60년 전에 이미 서낭당이 존재했다는 것을 의미한다.[23] 그러나 이런 기사만으로 당시 고려에 전해진 성황에 대해 그 신앙의 성격이 어떠했는지를 분명히 알 수는 없다. 다만 문종대의 기사 속에 성황사를 변방의 한 진성(鎭城)에 두고 봄가을로 제사지냈다고 하는 점에서 미루어 보아 이 성황사가 성의 수호와도 관련된 것이 아닌지 추측해 볼 따름이다. 어쨌든 위의 기사로 고려 전기에 중국의 성황이 전래되었다는 사실만큼은 확인이 되는 셈이다.

이처럼 고려 전기에 들어 온 중국의 성황 신앙은 고려 중기를 거치면서 전국에 널리 퍼진 것으로 보인다.[24] 이러한 사실은 다음의 기사들을 통해서도 알 수 있다.

■ 인종 15년(1137)에 김부식이 서경에서 묘청의 난을 진압한 뒤 이에 대한 감사의 표시로 여러 성에 있는 성황신묘(城隍神廟)에 사람을 보내 제사지냄.[25]

■ 고종 23년(1236) 몽고병이 온수군(溫水郡, 지금의 온양시)을 침략했을 때 온수군에서 몽고병을 물리치자 왕은 그 고을의 성황신이 도운 것이라 하여 성황신에 신호(神號)를 더하여 줌.[26]

■ 1341년 동정 원수(東征元帥) 김주정이 각 관(官)의 성황신에 제사드리며 신명(神名)을 부르자 무진군(茂珍郡) 성황신의 깃발에 걸린 방울이 세 번이나 울려 신이함을 드러냄.[27]

■ 공민왕 9년(1360) 홍건적을 물리친 뒤 각 도(道)·주(州)·군(郡)의 성황에 승전(勝戰)에 대한 감사의 제사를 지냄.[28]

위의 기사로 12세기 이후 고려 사회에서 전개된 성황 신앙의 성격을 알 수 있다.

성황사 고려시대에는 국가에서 성황제를 관장하였으므로 성황제를 국제로 표현하기도 하였다.

첫째, 성황사가 도처에 건립되어 있었다는 점이다. 서경(평양) 한 지역에만도 성마다 성황사가 있었을 뿐 아니라 점차 지방에도 확산되어 고려 말기에 이르러서는 각 도·주·군에까지 성황사가 세워졌음을 알려 준다.

둘째, 성황사에 대한 제사 즉 성황제(城隍祭)가 전쟁과 관련하여 나타나고 있다는 점이다. 김부식은 서경을 진압한 뒤, 고종과 공민왕은 외적을 격퇴한 뒤에, 김주정은 출전에 앞서 성황신의 가호를 받고자 각각 제사를 드렸지만 내용상 전쟁을 전후로 하여 성황신에게 제사를 드리는 점은 일치한다. 곧 출전할 때 먼저 보호를 기원하고 승리한 뒤에는 감사의 표시로 성황신에게 봉작하거나 제사를 드리는 것이다. 이런 점에서 고려 중기 이래의 성황신은 전쟁의 수호신으로도 볼 수 있다.

셋째, 성황신에 대한 제사가 다소 공적(公的)으로 행해졌다. 위 기사의 내용이 모두 국가의 운명과 관련된 사건이기 때문에 성황신에 대한 제사가 공적인 성격을 띠게 된 것인지도 모른다. 이것은 곧 국가에서 성황제를 관장하였음을 반영하는 것이기도 하다.

이 점은 성황제를 '국제(國祭)'로 표현하고 있는 다음 기사를 통해서 알 수 있다. 이것은 의종(1146~1170년) 때의 인물인 함유일(咸有一)의 행적에 대한 기사이다.

　또 삭방도(朔方道) 감창사(監倉使)로 있을 때 등주(登州) 성황신이 여러 번 무당에게 내려 국가의 길흉화복을 잘 맞추었다. 함유일이 성황사에 가 국제를 행하였는데…….[29]

이 기사에서 성황제를 국제라 한 것은 곧 국가에서 관장한 제사였음을 의미하는데 이를 통해 성황신에 대한 국제가 이미 12세기경에 확립되었으며 또 이에 대한 제사는 무당이 참여하고 지방 관리가 주제(主祭)하기도 하였음을 알 수 있다. 이처럼 국제의 대상이 된 성황은 국가의 사전(祀典)에 공식적으로 등재되어 예우를 받게 되기에 이르렀다.[30]

서낭제 소정방, 신숭겸, 김총 등 역사상 실재했던 인물들을 사후 서낭신으로 섬긴 경우가 있는데, 이들의 공통점은 무장이라는 점이다. (위, 38~41쪽 사진)

서낭당에 모셔진 장군상은 인자한 할아버지처럼 애교 있고 미욱한 화상이다.

도상의 기법과 채색이 맞지 않고 흑색의 단색 광물성 안료로 그려진 장군의 신상에는 실제로 민중들 자신의 얼굴이 나타나 있다. 표정이 밝다.

벙거지에 전복을 입고 칼옷과 활로 무장한 장군상은 마음 좋게 생긴 시골 할아버지의 모습이다.

으시대거나 뻐김이 없이 묵묵히 세상을 산 조상들은 신상에서도 멋있는 풍류의 종교화를 제작하였다.

함유일의 기사 속에는 무당에게 성황신이 내려 국가의 화복까지도 예언한 사실이 나타나 있다. 곧 성황이 국가에 의해 성이나 고을의 수호신 또는 전쟁의 수호신으로 수용되면서 공적인 제사의 대상이 되었으며 또 중기 이후로는 무당이 신봉하는 신으로서도 신앙되어 왔다는[31] 것이다.

이것으로 중국에서 전래된 성황이 12세기에 오면 민간 신앙의 대상으로 고유 서낭 신앙에 수용된 사실을 볼 수 있다. 뒤에는 일반 백성들도 새로운 서낭신에게 제사를 올렸다. 가령 충숙왕(忠肅王) 15년(1328)에 호승(胡僧) 지공(指空)이란 자가 무생계(無生戒)를 설할 때 이 계율을 받은 지방관 이광순이 백성들로 하여금 성황제에 고기를 올리지 못하게 한 일이[32] 기록으로 남아 있다. 이것은 민간에서 서낭제가 그만큼 빈번했음을 보여 주는 예이다.

그 밖에도 당시 민간에서의 서낭제와 관련된 사례로 역사상 실재했던 인물들을 사후 서낭신으로 수용하여 섬긴 경우를 들 수 있다. 『신증동국여지승람』에 의하면 사후 서낭신이 된 인물들로 대흥현의 소정방(권20), 양산군의 김인훈(권22), 의성현의 김홍술(권25), 밀양 도호부의 손긍훈(권26), 곡성현의 신숭겸(권39), 순천 도호부의 김총(권40) 등이 있다. 서낭신이 된 사람들은 대개가 무장(武將)이고 소정방을 제외하고는 모두 고려 초의 인물들이라는 공통점을 지닌다. 고려 초의 인물로 서낭신이 된 사람들은 특히 태조의 후삼국 통일 뒤 고려 건국에 공로를 세운 사람들이었다. 그런데 성종 때 비로소 성황사가 나오는 점으로 보면 이들의 서낭 신화는 빨라야 성종대에 성립된 것으로 볼 수 있다. 또한 고려의 서낭 신앙이 중기 이후에 와서 본격적으로 전개되는 점에서 보면 이들이 서낭신으로 섬김을 받게 된 시기도 중기였을 것으로 보인다.

현전하는 민간 신앙에 무장들이 사후 신으로 섬김을 받는 예가 적지 않은 것을 보면 무장들의 서낭 신화는 국행제(國行祭)로 치러지던 성황제에서보다는 중국의 성황 신앙이 민간에 수용되어 제사를 받게 되면서 민중들에 의해 형성된 것으로 추측된다.

서낭당에 봉안된 위패, 폐백, 붉은색 천조각의 신체 위패의 내용으로 보아 서낭신이 된 사람들이 세 명의 장군임을 알 수 있다.

서낭과 성황

이처럼 고려 중기 이후부터 민간에서는 물론 국가적으로도 성행된 서낭 신앙은 고려 말기에 오면 이미 도·주·군에까지 성황사가 세워질 정도로 널리 퍼진다. 특히 국가에서 공로를 인정받은 서낭신들은 왕실로부터 특별한 예우를 받기도 하였다. 그러나 이런 상황은 왕조가 교체된 조선 초에 와서 새로운 국면을 맞게 된다. 조선 초의 신흥 사대부들은 이른바 명분과 상하의 질서를 중시하는 주자학적 관점에서 기존의 신앙과 제사들에 대해서도 명분과 질서를 적용하고자 한 것이다. [33]

조선 초기의 서낭 신앙과 관련하여 주목되는 사실은 신흥 사대부들에 의해 주도된 사전(祀典)의 개편이다. 조선 건국 직후인 1392년 8월에 예조

전서(禮曹典書) 조박(趙璞)은 다음과 같이 제의하고 있다.

여러 신묘(神廟) 및 주와 군의 성황으로 나라에서 제사지내는 것 이외에는 단지 모주(某州) 또는 모군(某郡)의 성황으로만 칭하여 위패만 두고 각 수령으로 하여금 봄가을로 제사지내게 하소서.[34]

곧 국가에서 인정한 주와 군의 성황에는 그 지역명을 딴 성황신이라는 위패만 두고 그곳의 수령으로 하여금 매년 봄가을에 제사지내게 하자는 것이다. 이 제의 속에는 조선 초의 성황제를 왕권하에 두고자 하는 발상이[35] 깔려 있으며 아울러 민간에서 행해지는 서낭제를 금지시키고자 하는 의도도 엿볼 수 있다. 명분과 질서를 중시하는 신흥 사대부의 입장에서 볼 때 경내(境內)의 산천과 서낭에 대한 일반인들의 제사는 그들의 원칙에 어긋나는 행위였기 때문이다. 결국 그 다음달에 일반인들의 서낭제에 대한 금지 조치가 취해졌다.

문선왕(공자) 제사 및 여러 주의 성황제는 관찰사와 수령으로 제물(祭物)을 갖춰 제때 거행하도록 하고 공경(公卿)에서 하급 선비에 이르기까지는 모두 가묘(家廟)를 세워 조상에게 제사하고 서민은 자기 침소에서 제사하되, 그 나머지 음사(淫祀)는 모두 금지토록 하소서.[36]

곧 국가에서 인정한 성황제만 지방관이 지내고 일반인은 가묘를 세워 여기에 제사하되 그 밖의 제사는 모두 음사에 해당하니 금지해야 한다는 것이다. 여기서 조선 초에 사전 개편과 동시에 국가에서 인정하지 않은 서낭제를 음사로 규정했음을 보게 된다. 음사란 '천하의 신사(神祠)로서 백성에게 아무런 공이 없고 사전에도 응하지 않은 것'[37]을 뜻한다. 이로써 사전에 등재되지 않은 민간에서의 서낭제는 음사이므로 이런 서낭신에게는 제사를 지낼 수 없게 되었으며 설령 사전에 등재된 서낭이라도 일반인이 제사지낼 수는 없게 되었다.

　그러나 태조 때 실시된 민간의 서낭제에 대한 금지 조치는 그뒤 제대로 실행되지 않은 듯하다. 가령 태종 12년(1412) 12월 개성(開城)의 송악 성황에 일반인이 사사로이 기복하는 행위를 금하게 한 점[38]이라든가, 13년 6월 예조(禮曹)로부터 '성황사에서 여전히 음사를 행하고 있으니 태조 때의 조치에 따를 것'을 거듭 진언하고 있는 점[39] 등이 그런 예이다. 곧 태조 때의 금지 조치에도 불구하고 민간에서 서낭제는 계속 행해져 왔다고 할 수 있다. 더욱이 세종 때에 이르러서는 민간의 서낭제가 무녀에 의해 주제되는 끈질김을 엿볼 수 있다.[40] 조선 개국과 함께 전통적인 무속 신앙이 신흥 사대부에 의해 불교와 함께 배척되어야 할 대표적인 사상으로 인식되어 갖가지 탄압 조치를 받은 것은 잘 알려져 있는 사실이다. 그럼에도 불구하고 조정에서는 무격이 지닌 무의(巫醫)로서의 기능을 인정하여 태종 때에는 무격을 동서활인원(東西活人院)에 배속시키기도[41] 했고 무격의 사제 능력에 따라 국무당(國巫堂)을[42] 두기도 한 모순성을 갖고 있었다. 왕실에서의 이런 조치는 한편으로 무의의 기능을 긍정적으로 수용한 것이기도 하겠지만 다른 한편으로는 전통적인 기복 신앙(祈福信仰)이 그 바탕에 있었던 것임을 부정하기 어렵다. 결국 일반 서민의 무속 관행 때문에라도 왕실에서의 무속 신앙이 근절될 수는 없었을 것이다.

　앞에서도 보았듯이 무속 신앙은 고려 중기에 수용된 성황 신앙과 밀접한 관계를 가지면서 민간의 서낭제를 주도하고 있었다. 이미 세종 때에 이르러 무속화한 민간의 서낭제는 일반 서민들에게 보편적으로 신앙되고 있었던 것이다. 한편 세종은 무격들을 도성 밖으로 내쫓는 것으로[43] 백성들의 무속 신앙을 근절하고자 하였으나 단지 무격을 성밖으로 축출하는 것만으로 백성의 뿌리깊은 기복 신앙을 금지할 수는 없었다. 이에 세종은 의정부의 건의에 따라 '각 주현(州縣)의 성황 등처에서 음사에 참여하는 자'에 대한 금령을[44] 내리기도 하였다. 그러나 세종의 이러한 조치도 결코 효과적이지는 못했던 듯, 성종대에 다시 무녀(巫女)에 대한 축출령과[45] 민간화

서낭신과 밀접한 관계를 지닌 무속 신앙 충남 당진군 송악면 고대리 풍어제.

된 성황에 대한 언급이[46] 나오고 있다.

이와 같이 조선 초에 신흥 사대부들은 사전 개편을 통해 성황의 국제화(國祭化)와 민간 신앙화된 서낭제를 음사로 규정하여 민간의 서낭제를 금지하고 서낭 신앙을 국가가 주도하고자 하였으나 실효를 거두지는 못하였다. 그뒤 조선 중기에는 각 주·부·군·현마다 성황사를 두어 이를 통해 지방 사회의 서낭 신앙을 국가에서 관리하고자 하였다. 이에 따라 조선 중기의 각 도에는 다음 표에 나타나는 바와 같이 지방 사회에서 점차 성황사가 확산되어 갔음을 알 수 있다.[47]

도 별	경기도	충청도	경상도	전라도	강원도	황해도	함경도	평안도	계
성황사	44	54	67	58	26	23	22	42	336

조선 초기의 사전 개정 작업을 거쳐 중기에는 위 표에서와 같이 국가에서 건립하여 제사의 대상이 되는 성황사가 각 도마다 적게는 20여 개에서 많게는 60여 개에 이르게 되었다. 이러한 성황사에서는 물론 국가에서 임명한 관리 또는 각 지방의 수령이 매년 봄가을로 제사를 지냈다. 그러나 중종(1506~1544년) 때의 기록을 보면 서낭 신앙은 국가의 의도와는 달리 여전히 민간화된 기복 신앙으로 각 지방에서 널리 행해지고 있었다.

본궁별차(本宮別差)라 칭하는 자와 대모(大母)라 칭하는 자가 각기 흑단령(黑團領)과 자의(紫衣)를 입고 의장을 갖춰 성황당에서 복을 빌며……[48]

김안로가 아뢰기를 이른바 음사란 외방(外方)의 성황당과 같은 것입니다. 이따금 성황신이 내린다고 하면 한 도(道)의 사람들로 가득 메워지고 분주하니 어찌 이와 같이 무리한 일이 있을 수 있겠습니까.[49]

앞의 사례는 국가에서 명을 받고 함경도 영흥 지방에 내려온 본궁별차 및 대모라는 자가 성황사에서 국가나 왕실을 위해 기복한 사실을 전하는 것으로 국가적 제사가 기복 신앙으로 행해지고 있는 점을 비난하고 있는 내용 가운데 일부이다. 여기에서 이미 국가가 인정한 성황사에서조차 기복을 위해 서낭제를 지내고 있는 것을 볼 수 있다. 뒤의 사례는 민간화된 서낭 신앙의 모습으로 서낭신이 내릴 때 이에 대한 백성들의 반응을 보여 주고 있다. 서낭신이 내릴 때 한 도의 사람들로 가득하였다는 것은 그만큼 서낭 신앙이 민간에서 성행하였다는 것을 말해 준다. 이처럼 지방 사회에서 서낭신을 섬긴 좀더 구체적인 예로 "귀신 섬기길 좋아하여 혹은 화간을 만들고 지전을 달아 촌무들은 항상 이를 성황신이라 하였다"라는 기사나 고성(固城) 지방의 서낭제를 들 수 있다.

고성 성황사는 고을의 서쪽 2리에 있는데 그 지방 사람들은 항상 5월 1일부터 5일까지 그곳에 모여 두 편으로 나누어 신상(神像)을 싣고 채기(綵旗)를 들고 마을을 돌아다닌다. 사람들은 다투어 술과 찬을 갖추어서 여기에 제사지내며 광대들이 모여 여러 가지 놀이를 하기도 한다.[50]

이와 같이 민간화된 서낭신은 무격이 그 신앙을 주도한 것처럼 인식되어 조정에서는 민간화된 서낭을 다음과 같이 무격과 함께 매도하여 비난하였다.

외방 성황당 및 무격에 관한 모든 일은 또한 마땅히 함께 금해야 합니다.[51]

무격이 흥행하여 혹세무민하고 성황사에 거짓 위패를 만들고 물건을 바쳐 받들어 모시게 하니 청컨대 모두 허물게 하소서.[52]

그러나 민간에서 행해진 모든 서낭제가 무격에 의해 치제된 것만은 아니었다. 한편으로는 지방 사회에서 무격이 참여하지 않고 촌민들 스스로 풍년을 위해 서낭당에 제를 지낸 사례도 보이기 때문이다.

이상의 사례에서 돌무더기에 돌을 던지는 일과 나뭇가지에 천이나 비단 조각 등을 걸어 놓는 현납속은 주로 개인적인 기원을 할 때 나타나고 있음을 보았다. 곧 질병의 쾌유나 기자 외에도 개인적으로 바라는 바의 성취를 위해 신에게 기원할 때 돌을 던져 놓고 가거나 또는 나뭇가지에 천, 비단, 백지 등을 걸어 놓는 행위가 발생하고 있는 것이다. 이렇게 볼 때 돌이나 천, 비단조각 등은 본래 신에게 바치는 공헌물(供獻物)로서의 의미를 지닌다고 할 수 있다. 이러한 공헌물이 돌무더기에 그대로 쌓여 있거나 또는 나뭇가지에 걸려 있게 됨에 따라 차츰 서낭신에 대한 고유하고 역사적인 신당 형태의 표시로 자리하게 된 것이라고 생각된다. 다시 말하면 잡석에 의해 형성된 누석단이나 신목에 대한 현납속 또는 이 양자가 함께 있는 서낭당의 경우는 공동 제의와 함께 개인제(個人祭)와 관련되어 나타난 서낭당의 고유한 형태로도 나타난다. 특히 서낭당에 대한 현납속은 마을 공동제의 대상이 되는 서낭당뿐만 아니라 개인제와 연관된 것임을 보여 준다.

공동체의 대상이 되는 서낭당의 일반적인 형태는 현지에서 다음과 같이 나타나고 있다.

서낭당의 형태	소　재　지
돌무더기	전남 진도군 군내면 용장리, 충북 청주시 서부구 성황동 등
수목	강원 춘성군 북산면 부귀리, 충북 괴산군 청천면 삼송리 등
돌무더기와 수목	충북 영동군 황간면 우매리, 충북 청원군 문의면 후곡리 등
당집과 수목	경기 화성군 장안면 장안리 등
당집과 진또백이	강원 강릉시 강문동, 송정동
당집	강원 명주군 강동면 안인진리 등

이 표에 나타난 것처럼 공동제의 대상으로서 서낭당의 형태는 크게 단독형과 복합형으로 나눌 수 있다. 단독형은 다시 돌무더기형, 수목형, 당집

당집 당집 형태의 서낭당은 전국에 걸쳐 보편적으로 나타나며 신앙 내용 또한 포괄적이다.

형으로 나뉘며 복합형은 돌무더기와 수목, 당집과 수목, 당집과 진또배기 (솟대)의 세 가지 형태로 나누어진다.

돌무더기는 앞에서 이미 살펴보았듯이 서낭당의 고유한 형태라고 할 수 있지만 충북·강원·경북을 제외하고는 잔존하는 예가 점차 소멸되고 있는 것으로 생각된다. 수목을 서낭당으로 보는 경우도 있지만 이것은 결코 서낭당 고유 형태라고 할 수는 없다. 지역에 따라 수목을 산신이나 기타 마을신으로 신앙하고 있는 곳도 많다. 그러나 수목 밑에 돌무더기가 쌓여 있는 형태는 서낭당에서 가장 많이 보이는 일반적인 형태이다. 따라서 돌무더기와 수목이 복합된 경우는 서낭당의 고유한 형태로 간주된다.

서낭당으로서의 당집 형태는 전국에 걸쳐 보편적으로 나타난다. 특히 강

강릉시 견소동에 위치한 당집 불교나 유교의 성전과 달리 서낭당은 민초들처럼 평범한 모습이다.

원도와 경상북도에서는 단독형의 당집 형태가 절대적이라고 할 수 있다. 그러나 당집 역시 공동체 신앙 속에 마을 수호신의 처소로서 다른 신앙과 복합을 이루고 있다. 또한 당집은 돌무더기 또는 돌무더기와 수목이 복합된 형태보다는 아무래도 뒤에 발생된 형태로 볼 수 있다.

이런 점에서 당집과 수목 또는 당집과 진또백이가 복합된 경우도 서낭당의 형태로서 존재한다. 당집과 수목의 복합 형태에 대해서는 다음과 같이 생각되기도 한다. 즉 수목을 신의 거처로서 신성시해 오다가 당집이 나타나면서 수목이 함께 신당을 형성하였고, 수목의 노후나 기타의 이유로 아니면 당집의 비중이 증가하면서 당집만 남게 되었다고 하는 것이다.[61] 반면 '진또백이'가 당집과 함께 서낭당을 형성하는 것은 강원도에서만 볼 수 있는 하나의 특색이기도 하므로 다음에서 볼 서낭당의 유형에서 함께 다루기로 한다.

돌탑 신앙

'돌탑 신앙'은 돌무더기 서낭당과 외형상이나 기능상 거의 유사한 마을 공동체 신앙의 대상물로서 거의 전국에 걸쳐 전승되고 있다. 일반적으로 이런 돌탑의 외형은 다음의 몇 가지 형태로 분류된다. 곧 사람 머리만한 돌을 쌓은 퇴적 상부에 솟대형의 나무를 세운 형태, 돌무더기 위에 인물 석상, 입석이나 거북 형태의 돌을 얹어 놓은 형태, 단순히 돌을 쌓은 형태, 돌무더기 위에 헝겊, 짚신, 폐백 등을 걸쳐 두거나 나무에 걸쳐 놓은 형태 등으로 분류된다.

흔히 이러한 돌탑의 명칭은 돌무더기·돌탑·탑당산·뱀사탑·거오기· 수부당·말무덤·돌선왕·돌서낭·탑·상당·국수당·서낭당탑·수살탑· 수구(水口)탑·수구맥이탑·수구메기 등으로 불리며[62] 손진태에 의하면 지역에 따라 전남에서는 할미당, 경북에서는 천왕당, 경기·황해에서는 선왕당·돌선왕, 평안도에서는 국사당·국수당, 함경남도에서는 국시당·산제당이라 불린다고 한다.[63]

돌탑은 장방형 또는 원형의 막돌을 밑에서부터 위로 쌓아 올린 돌무더기로 이 돌무더기의 맨 윗부분에는 흔히 거북 모양과 선돌형의 윗돌이 올려져 있는 예가 많다는 점에서 단순한 돌무더기 서낭과는 형태상 다소 차이가 난다. 곧 돌탑은 밑에서부터 의도적으로 쌓아 올린 것이기 때문에 무작위적으로 잔돌을 쌓아 형성된 돌무더기 서낭보다는 더욱 정성이 들어 있다. 또한 이 돌탑을 조성할 때는 돌을 쌓기 전에 미리 땅속에 오곡(五穀)을 담은 무쇠솥이나 주걱 등을 묻어 둔다고 하는데 이것도 마을 신앙의 독특한 형태이다.

'돌탑'은 돌무더기 서낭당과 외형상·기능상 거의 유사한 공동체 신앙의 대상물이다. 장방형 또는 원형의 막돌을 밑에서부터 위로 쌓아 올리고 맨 윗부분에는 흔히 거북 모양과 선돌형의 윗돌이 올려져 있는 공동체 서낭 신앙의 한 유형이다. 부여군 은산면 장벌리 탑제.

충남 부여군 은산면 장벌리 돌탑

돌무더기 서낭당과 돌탑 신앙은 외형상과 기능상으로는 서로 유사성을 보이고 있으므로 그 세부적인 내용 면에서 약간의 차이가 있으나 돌탑을 넓은 의미의 서낭 신앙에 포함시키거나 석적 장승 돌탑 신앙으로 분류하는 학설도 있다.

서낭당집의 유형

앞에서 설명한 서낭당의 형태는 개인이나 가족 기원의 경우 평소에 돌무더기나 신목에 헌납속이 두드러지고 공동제의 경우는 돌무더기 또는 돌무더기와 수목에 금줄 폐백을 거는 복합 형태가 그 고유한 신앙 양상으로 나타난다. 서낭당집 형태는 전국에 걸쳐 있으며 특히 강원도와 경상북도에서 서낭당의 가장 일반적인 형태로 나타나고 있다. 그런데 흔히 이런 서낭당집 안에는 서낭신을 좀더 구체적으로 상징하는 물체, 곧 서낭신의 신체로서 위패, 그림, 신간(神竿), 철마(鐵馬) 등이 놓여져 있다. 따라서 다음에서는 이런 봉헌물을 기준으로 다시 당집형 서낭당을 네 가지 유형으로 나누어 살펴보고자 한다.

(사례 1) 강원도 명주군 강동면 안인진리의 성황당은 봉화산 중턱에 있는 2칸의 목조 와당(木造瓦堂)이다. 한 칸에는 목제 위패 세 개에 '토지지신(土地之神)', '성황지신(城隍之神)', '여역지신(癘疫之神)'이라 씌어 있고 다른 칸에는 제기를 보관한다. 토지신은 촌락의 수호신이고 성황신은 마을에 침입하는 귀신들을 방어하는 신이라 하며 여역신은 온갖 질병을 막아 준다고 한다. 봉화산 정상에는 대관령을 향하여 약 한 칸 정도의 해랑사(海娘詞)가 있어 역시 공동제의 대상이 되고 있다.
　　　　　　　　　　　　　　　　　－『한국민속종합조사보고서』, 강원도편, 130쪽
(사례 2) 강원도 명주군 연곡면 영진리의 성황당은 마을 뒷산 중턱에서

강원도 명주군 강동면 안인진리 서낭당 안의 위패 목제 위패 세 개에 '토지지신', '성황지신', '여역지신'
이라 쓰여 있다. 토지신은 촌락의 수호신이고 성황신은 마을에 침입하는 귀신들을 방어하는 신이라 하며 여
역신은 온갖 질병을 막아 준다고 한다.

동해를 바라보며 소나무 숲속에 자리하고 있다. 제당은 한 칸으로 된 맞배와당으로 당의 중앙에 '성황대신위(城隍大神位)'라는 목제 위패가 놓여져 있다.

―『부락제당』, 169쪽

(사례 3) 강원도 강릉시 강문동의 서낭당은 골매기 서낭당과 여성황당 두 개이다. 골매기 서낭당은 한 칸 정도이고 안에는 '토지지신', '성황지신', '여역지신'이라고 씌어진 위패가 모셔져 있다. 여성황당은 3칸의 와당으로 안에는 족두리를 쓴 여자가 좌우에 시녀를 거느리고 있는 그림이 걸려 있다. 또한 이런 서낭당 외에도 '진떼백이 서낭님'으로 불리는 솟대가 세워져 있다.

―『한국민속종합조사보고서』, 강원도편, 133쪽

(사례 4) 경북 울진군 평해면 후포리의 제당은 '김씨 골매기 성황당'이라 불리며 당 안에는 '성황지신위'라는 목제 위패가 놓여져 있다.

―『韓國の村祭リ』, 67~68쪽

(사례 5) 충북 단양군 계곡면 보발리의 성황당은 마을 입구 수풀 속에 있는 1평 정도의 건물로 안에는 '성황지신위'라는 위패가 보존되어 있다.

―『한국민속종합조사보고서』, 충북편, 127~128쪽

위의 사례들은 모두 당 안에 위패가 봉안되어 있는 경우들이다. 위패는 주로 목재를 쓰고 있지만 마을 사정에 따라서 한지에 신명(神名)을 묵서(墨書)하여 놓기도 한다. 당 안에는 서낭신만을 봉안한 경우도 있지만 강원도의 사례에서 보듯이 서낭신 외에도 토지지신·성황지신·여역지신의 위패를 같이 모시기도 한다. 앞에서 보았듯이 서낭당에 위패를 봉안하게 된 것은 조선 건국 초의 사전 논의에서부터 나타나며[64] 국행제(國行祭)의 전승물이라 할 수 있다. 그런데 위패를 봉안하기 전에는 당 안에 신상이나 그림이 봉안되어 있었던 듯하며[65] 조선 초기부터 이러한 신상이나 그림을 철거하고 그 대신 위패를 놓는 조치가 취해졌다.

강릉시 강문동의 여서낭당 정성이 담긴 제수를 흠향하고 마을 민초들의 마음을 하나되게 모아 준다.

이런 점에서 위패보다는 신상의 봉안 사례가 좀더 오래된 형태의 전승이라고 할 수 있다. 신상의 전승 사례는 강문동의 서낭당에서 찾을 수 있다. 강문동의 서낭당에서는 남신과 여신을 각각 모실 뿐 아니라 진또백이까지도 서낭신으로 모신 듯하다. 곧 여서낭당에는 그림으로 그려진 여신상이 봉안되어 있고 '골매기 서낭당(남서낭당)'에서는 서낭신이 위패로 상징되며 이 밖에 진또백이도 서낭신으로 여겨지고 있는 것이다. 먼저 신상과 위패의 공존 현상에서 다음과 같이 가정하여 볼 수 있다. 서낭당에 모셔진 신체로서 먼저 여신의 신상이 모셔져 오다가 조선시대에 들어와 서낭신을 위패로 대신하게 되고 또 이와 함께 사회 전반에 걸쳐 가부장권이 확립됨에 따라 서낭신도 점차 남신으로 인식하게 되었을 것이다. 그러나 이전부터 모셔져 온 여신도 남신과 함께 전해져 왔기 때문에 현재와 같이 서낭당 신체의 두 가지 유형이 공존하게 된 것이라고 보여진다. 여기에 다시 서낭신으로서 지역 공동체 신앙인 진또백이가 서낭신의 신체로 모셔지고 있는 것이다.

진또백이를 서낭신의 신체 또는 신당으로 전하는 사례는 강문동 외에도 강릉시 견소동(안목), 월호평동, 송정동 등에서 보이지만 대체로 강원도 해안 지방에서만 나타나는 특유한 유형으로 생각된다. 이런 지역에서 서낭으로 신앙되는 솟대는 서낭제의 한 부분을 구성하며 서낭당에 비해 신앙적 의미는 약화되어 있지만 오히려 서낭신의 역할을 보완해 주는 기능을 갖는 것으로 평가되기도 한다.[66]

한편 서낭당의 한 유형으로서 서낭대를 당 안에 봉안하는 사례도 있다.

(사례 6) 경북 안동군 도산면 의촌 2동의 '부인당'은 여성황님을 모신 당으로 마을 뒷산에 있는 조그만 와당이다. 안에는 길이 3미터 남짓의 소나무 서낭대와 길이 15~16센티미터의 철마가 보관되어 있다. 전에는 신령(神鈴)도 당 안에 있었다고 한다.
—『한국민속종합조사보고서』, 경북편, 145쪽

(사례 7) 경기도 포천군 신북면 심곡리 국수봉 밑에 건평 한 칸 안팎의 '산신당'이 남향하여 서 있는데 당 내부에는 길이 1.5미터 정도의 서낭대만 보관되어 있을 뿐이다.

－『부락제당』, 64쪽

　서낭대는 평소 당 안에 보관되어 신체로서의 역할을 하기도 하지만 마을 공동제 때에는 서낭신의 강림처가 된다. 안동군 의촌 2동의 공동제는 매년 음력 정월 14일에 지내고 있지만 이에 앞서 정월 1일에 제관을 선출한다. 제관 선출은 제관 후보자들이 모여 아무나 서낭대를 쥐고 일일이 호명을 하다가 서낭대가 흔들린 세 명을 정하는 것이다. 이렇게 서낭의 신의(神意)에 의해 제관의 선정이 이루어지며 이것은 서낭대에 신이 내린 것으로 간주된다. 일단 신이 내린 서낭대는 그뒤 제관 집으로 옮겨 놓고 제관들이 새벽마다 모여 새 물을 떠놓고 절을 하며 정성을 들인다. 2일부터 제사 전까지 농악대와 함께 서낭대가 각 가호를 방문하는데 이때 방문받은 집에서는 쌀을 성의껏 내놓는다. 서낭대에 옷을 바치면 좋다고 해서 저고리 안쪽에 생년월일, 이름 등을 써서 서낭대에 걸어 놓기도 하고 문종이로 옷을 지어 거는 일도 있다.
　서낭대는 이처럼 평소에는 당 안에 보관되어 오다가 공동제에서는 신의 강림처이자 신체로 인식되었다. 서낭대에서 보이는 이런 의미는 이미 조선 시대부터 나타난다. 예를 들면

　　(괴산 지방은) 그 풍속이 음사에 빠져 소나무는 성황신이라 칭하며 받들고 온 마을을 돌아다니매 (박)세무는 그 기간(旗竿)을 빼앗아 불태워 버리니 그 뒤로 그 폐단이 마침내 없어졌다.[67]

라는 기록이 남아 있다. 게다가 이런 서낭대에 지전 등이 걸리기도 하였음은 이익의 글에서도 이미 본 바 있다. 서낭대에 대한 현납속은 의촌 2동의

진또백이 서낭 솟대는 서낭제의 한 부분을 구성하며 서낭신의 역할을 보완해 주는 기능을 한다.

부인당 여서낭님을 모신 당으로 마을 뒷산의 조그마한 와당이다. 경북 안동군 도산면 의촌 2동 소재.

서낭대에 옷이나 종이옷이 걸려져 있는 점에서 그 전승성을 보게 된다. 또한 이런 현납속은 마치 서낭목의 나뭇가지에 천이나 오색의 비단조각 등을 걸어 놓는 것과도 비교된다. 서낭제에서는 방울이 종종 서낭대에 매달려 신체로 신앙되기도 한다.[68] 가령 안동의 하회 지방에 전해지는 별신굿의 경우 정월 초이튿날 아침 제관과 무녀, 광대들이 서낭당에 모여 제물을 차리는 한편 서낭대에 오색포와 방울을 매어 놓고 강신(降神)을 청하는데 이때 방울이 울리면 강신한 것으로 알고 별신굿에 들어갔다고 한다.[69]

여기서 서낭대에 흔히 오색포나 방울 등을 매다는 현납속의 전승 사례를 보게 된다. 서낭대의 현납속은 몽골의 오보 신앙이나 개인적인 서낭제에서도 나타나고 있으므로 결국 오보 신앙과 서낭 신앙의 한 특징으로 간주될 수 있다.

경기도 심곡리에서는 서낭대가 산신당에 봉안되기도 했다는 사실이 전해져 오고 있다. 이것은 서낭 신앙이 산신 신앙과 습합된 사례이지만 때로는 서낭신이 산신과 동질적인 것으로 인식되기도 했음을 말하여 주는 것이다.

이 밖에 서낭당의 한 유형으로 당 내부에 종종 조그마한 말 모양의 동물이 놓여져 있는 것을 보게 된다. 이런 사례들의 현황을 보면 아래와 같다.

	철마	토마	석마	와마	사기마
강원도	15	5	1	1	
경기도	2				
충청남도	3				1
경상북도	2				

이 표에서와 같이 당에 봉안된 말 모양의 동물은 흙이나 돌을 재료로 하여 만들어진 것도 있으나 대개의 경우 철로 만들어진 것이 많으며 특히 발하나가 없는 형태가 많다. 주로 철마를 당에 봉안하게 된 점에 대해서는 "옛날에 쇠와 관련된 공장이 있어 그 일이 잘되도록 서낭당에 제물로 바친 것"이라는[70] 유래담이 전하지만 호랑이의 퇴치와 관련하여 "마을에 피해를 주곤 하던 호랑이를 말이 발로 차서 쫓아내었다"[71]고 하는 전설도 있다. 이때 말이 호랑이를 너무 힘껏 걷어차는 바람에 뒷발이 부러졌다거나 또는 호랑이를 추격하다가 개펄에 빠져 뒷발이 부러졌다고 하는 식으로 발 하나가 없는 말의 형태에 대한 설명도 뒤따르곤 한다.

특히 호환(虎患) 방지와 관련된 전설은 당 안에 봉안된 철마뿐 아니라 마상(馬像)이나 그림 등을 통해 말을 수호신으로 모시고 있는 마을에서도 흔히 들을 수 있다. 따라서 말 모양의 동물을 봉안한 사례는 말 형태를 드러내고 있는 어느 특정한 재질이나 표현 양식에 상관없이 우선 말을 수호신으로 삼은 데서 유래된 것으로 생각된다.

이런 점 외에 말들이 신의 탈것 혹은 사자(使者)의 의미로 당에 봉안되

강원도 삼척군 신기면 서하리 토마 서낭신의 천마로서 박혁거세의 백마를 연상하게 한다.

었다는 이야기도 있다. 말이 신의 탈것으로 또는 사자로 나타나고 있는 예
는 박혁거세의 백마, 동명왕의 기린마 및 경주 155호 고분 천마총의 천마도
등에서도 이미 나타나 있다. 여기서 말은 일찍이 고대에서부터 신의 탈것 또
는 사자로 인식되어 왔음을 알 수 있으며 서낭당의 말 모양 동물도 곧 서낭
신의 탈것 또는 사자로 봉안되었던 것으로 추측해 볼 수 있다.

　당에 봉안되어 있는 말 모양 동물 가운데는 발 하나가 없는 형태의 것들
이 많다. 이처럼 불완전한 형태의 말을 신의 탈것으로 삼고자 하였다는 것
은 어쩐지 불합리해 보인다. 그리고 이 불완전한 형태에 대한 설명이 호환
퇴치와 결부되어 있음을 볼 때 결국 신의 탈것이라는 의미에 다시 호환 퇴
치담이 결부된 결과라고 해석된다. 또한 이런 말 모양 동물이 서낭당뿐 아
니라 국사당(國師堂)에서도 보여진다는 점, 서낭당에 봉안되어 있더라도
'국시말'로 불린다는 점으로 볼 때 말의 봉안 사례는 서낭 신앙과 국사당
신앙이 서로 복합되어서 나타난 것으로 여겨지기도 한다.

강원도 명주군 연곡면 유동리 와마　당에 봉안되어 있는 말 모양 동물 가운데는 발 하나가 없는 형태가 많다. 그리고 이같은 서낭마에 대한 설명이 호환 퇴치와 결부되어 있음을 볼 때 결국 신의 탈 것이라는 의미에 다시 호환 퇴치담이 결부된 결과라고 해석된다.

흙으로 빚어져 당에 봉안된 철마들 고대 사회에 있어서 말을 타고 철기로 무장한 병력은 빠른 기마력으로 일본에까지 건너가 야마토 정권을 세웠다는 기마민족설이 있다. 말은 천신으로서 하늘의 사자이자 지상의 기동력으로서도 숭상되었다.

대관령 산신제　서낭당 근처의 수목 앞에서 무녀가 굿을 하고 기도하면 나무 가운데 하나가 흔들리는데 이 나무를 베어 신간으로 삼는다.

절충된 방식이라 할 수 있다. 여기서는 이 기간 중에 진행되는 행사의 구체적인 내용은 생략하고 서낭제와 관련된 부분만 약술하기로 한다.

제사 준비는 3월 20일 제사에 올릴 술을 빚는 것으로 시작된다. 4월 1일 초단오에는 대서낭당에서 헌주(獻酒)와 무악(巫樂)으로 제사를 올리고, 4월 8일 재단오 때에도 역시 대서낭당에서 이와 유사한 방식으로 제사를 드린다. 4월 14일에는 대관령 국사 서낭신을 맞이하기 위하여 악대(樂隊)를 선두로 제관과 무격들이 말을 타고 따른다. 도중에 야숙(野宿)을 한 일행이 다음날인 15일 국사 서낭당에 도착하면 국사 서낭신과 산신에게 따로 제사를 드린다.

제사는 4월 1일과 8일에 대서낭당에서 한 것과 유사한데 홀기를 읽어 진행한다. 이 서낭당 근처의 수목 앞에서 무녀가 굿을 하고 기도하면 나무 가운데 하나가 흔들리는데 이 나무를 베어 신간으로 삼는다. 이 신간에 치성 드리는 사람들의 의뢰에 따라 액막이용으로 백지, 목면실, 마른 명태, 의복 등을 걸어 놓고 성대하게 굿을 한다.

제사가 끝나면 일행은 하산하기 시작하는데 이때 신심이 강한 무격 한 명이 허리띠에다 신간을 세우고 내려온다. 행렬은 대관령에서 약 20미터 떨어진 성산면(城山面) 구산리(邱山里) 구산 서낭당에 도착하여 잠시 휴식하고 굿을 한 뒤 다시 강릉으로 향한다. 구산에서부터는 거화군(炬火軍)이 마중을 나와 길을 밝혀 주며 행렬은 강릉시의 국사 여서낭당에 이르러 다시 굿을 한다. 이어 여서낭당을 떠난 일행은 마지막으로 강릉시의 대서낭당에 도착하여 무악이 울리는 가운데 신간을 당 안에 세우고 나서 해산한다.

그러고 나서 이때부터 5월 6일까지는 제관들이 매일 당에 봉안된 신간에 문안을 드린다. 5월 1일부터 5일까지 관노 가면극과 무제(巫祭)가 수반되는 단오제가 시작되고 6일에는 대서낭당 뒷마당에서 신대 등을 태워 버리는 소제(燒祭)와 봉송 의식을 마침으로써 마침내 강릉 단오제가 끝나게 된다.

이상 약술한 강릉 단오제에서 주신은 국사 서낭신이고 이에 대한 제의는 무속에 유교식이 절충된 방식으로 진행되며 국사 서낭신 외에 여서낭신이

대관령 국사 서낭제　강릉 단오제 가운데 삼단오에는 국사 여서낭당에서 다시 굿을 한다. 주신인 국사 서
낭신 외에 여서낭신이 있어 이 남녀신은 제의 과정에서 음양 화합의 상생 구조를 이룬다.

있어 이 남녀신을 제의 과정에서 합치는 구조가 주목된다.

국사 서낭신에 여서낭신을 함께 모시게 된 유래담이 다음과 같이 전한다.

옛날 강릉에 사는 정씨(鄭氏) 집에 나이 찬 딸이 있었다. 하루는 꿈에 대관령 서낭이 나타나 이 집에 장가오겠다고 청하였다. 그러나 정씨는 사람 아닌 서낭을 사위 삼을 수 없다고 거절하였다. 어느날 딸이 툇마루에 앉아 있는데 호랑이가 와서 업고 가버렸다. 이 호랑이는 대관령 국사 서낭신의 사자로서 딸을 모셔 오라는 분부를 받고 그렇게 한 것이었다. 딸을 잃은 정씨 집에서는 큰 난리가 났으며 마을 사람들의 말에 의해 호랑이가 물고 간 것을 알았다. 이에 가족들이 대관령 국사 서낭당에 가보니 딸이 서낭과 함께 서 있는데 벌써 죽어 혼은 없고 몸만 비석처럼 서 있었다. 가족들이 화공(畵工)을 불러 화상을 그려 세우니 그제서야 비로소 소녀의 몸이 떨어졌다고 한다.

호랑이가 딸을 데려간 날이 4월 15일이었으므로 이 날에 대관령 국사 서낭신을 제사하고 여서낭당에 모셔다가 두 분을 함께 제사하게 되었다.

이처럼 남녀의 서낭신이 있고 남신을 여신에게로 모시고 가는 사례와 거의 유사한 서낭제가 강릉시 강문동에서도 전해진다.

강문동의 서낭신은 (사례 3)에서 본 바와 같이 골매기 서낭당과 여서낭당 두 개다. 이들에 대한 공동제는 매년 음력 정월 15일, 4월 15일, 8월 15일로 3회에 걸쳐 거행되며 전에는 3년에 한 번씩 4월 15일에 무격들에 의한 풍어굿(별신굿)을 하였다고 하나 지금은 경비 문제로 하지 못하고 있다. 굿은 6, 7명의 무당이 주관하였으며 먼저 여서낭에게 제를 드리고 나서 서낭대〔神竿〕를 들고 골매기 서낭당으로 간다.

골매기 서낭당에서 한바탕 굿을 한 뒤 위패를 모시고 다시 여서낭당으로 온다. 오는 도중 '진또백이'에서 또 한차례 굿을 하고 이어 여서낭당에 남서낭의 위패를 나란히 모시고 나서 본격적인 제의를 거행한다.

강릉시 강문동 별신굿   별신굿은 무당이 제사하는 대규모의 마을굿을 의미하는데 주로 동해안 일대에서 행해진다. 마을의 안녕과 태평을 빌고 풍농, 풍어와 해상 안전을 통한 민초들의 행복을 기원한다. 제의와 축제가 어우른 굿 속에서 전통 예술이 전승되고 마을 사람들은 하나가 된다.

조상 축원　별신굿에서 제주의 집에 조상신을 모시는 제차(第次)이다. 지연 공동체의 서낭 신앙은 유교의 제사 의례와 습합된다. 열두거리굿 가운데 조상굿은 큰 매듭을 짓는 것으로 산자와 가신 님과의 만남과 해원을 통하여 모두가 위안을 얻는 화해의 장이고 혼의 의례화이다.

깊이 있는 멋과 소박한 기원이 담긴 제의에서 신들린 무녀의 춤 속에 발산되는 별신굿은 민족의 종합 예술
이다.

먼저 유교식으로 제관이 축문을 읽고 이어 사제가 무당으로 교체되어 굿 형식으로 흥겹게 진행된다. 제장의
정화는 물로 썻고 불로 태워 삭히는 정결함으로 시작된다.

　　무격이 참여하는 서낭굿을 제외한 보통의 제의는 마을 주민들에 의해 유
교식으로만 지내는데 여서낭에게 바치는 제물에는 수소의 생식기도 포함되
어 있었다고 한다. 곧 강문동의 서낭굿에도 남녀신의 존재와 풍요, 다산,
풍어 기원으로서 합사(合祀)가 제의 과정에 반영되어 있는 것이다. 또한
몇 년에 한 번씩 풍어굿 또는 별신굿이라 불리는 무속식 서낭굿이 열리며
매년 유교식 의례가 1~3회 거행되는데 이때 여신에게 생식기가 헌납된다.
　　대관령과 강문동의 사례를 통해 강원도 서낭 신앙의 특색 가운데 하나로
남녀 서낭신의 존재와 제의 과정에서 남녀신의 합사를 지적할 수 있다.

전쟁에서 조국을 지킨 위대한 장수들과 비명에 간 군웅을 위한 군웅굿에서는 무녀가 놋동이(논동이)를 입에 물고 신칼을 휘두르며 장수들의 초인적인 힘을 보여 준다.

동해안 지방의 별신굿은 풍어를 위한 목적이 특히 강하기 때문에 용왕을 모시는 용왕굿이 중심이 되는 풍어제이다. 어촌계를 중심으로 해안 주민의 강렬한 소망을 전승 지공예로 만든 용왕선에 담아 영험한 바다 용왕에게 전할 것이다.

강문동의 서낭제에서 몇 년 걸러 한차례씩 여는 무속식 서낭굿과 매년 1
~3회씩 실시하는 유교식 의례 및 여신에게 생식기를 바치는 것 등은 대관
령 국사 서낭제에서는 볼 수 없는 형태이다. 반면 강문동의 이러한 제의
형태는 동해안 어촌의 서낭제에서 흔히 나타나고 있다. 특히 이들 지역에
서는 주로 나무로 깎아 만든 남자 생식기를 여신에게 바치며 이 여신은 대
체로 '해신(海神)' 또는 '해랑신(海娘神)'으로 알려져 있다.

(사례 8) 삼척군 원덕면 신남리의 서낭제는 음력 정월 대보름과 시월
말날〔午日〕이다. 제사는 유교식으로 치러지며 이날 목각 남근을 바친다.
전에 3년마다 하던 서낭굿은 비용 관계로 현재 중단된 상태이다. 마을 옆
산에는 이 마을에 처음으로 들어와 살았던 조상을 모신 할아버지 서낭당
이 있고 지금은 당집을 새로 지었으나 원래 해변가 언덕에 있던 수목이 여
서낭당인 해신당이다. 제일이 다가오면 주민들은 목욕 재계하고 인적이
드문 산의 정결한 나무로 남근을 정성껏 만든다. 여기에 황토를 칠하고
왼새끼줄에 끼워 두었다가 제일에 바치고 축원한다.

(사례 9) 과거에는 명주군 강동면 안인진의 해랑당에도 목각의 남근이
봉안되었지만 현재는 더 이상 전해지고 있지 않다. 이렇게 중단된 데에는
이유가 있다. 몇 십년 전 이 마을의 한 여자가 미쳐 "해랑이 설악산 김대
부와 결혼하였으니 앞으로 위패를 모시라"고 하여 그대로 했더니 그 여자
의 병이 나았다고 한다. 그래서 그 뒤로 남근을 바치지 않게 되었는데 그
것이 이미 여신이 결혼하였으므로 더 이상 남근을 바치면 간통이 되기 때
문이라는 것이다.

―이상『한국민속제의와 음양오행』, 156~157쪽

이 밖에도 여신에게 남근을 바치는 곳으로 고성군 문암진과 속초시 대포
동의 여서낭당, 명주군 주문진읍과 구정면의 서낭당, 삼척군 원덕면 갈남
리의 해당(海堂) 등이 알려져 있다.[79]

목각 남근　여신에게 나무를 깎아 만든 남자 생식기를 바치는데 이러한 제의 형태는 동해안 어촌의 서낭제에서 흔히 나타나고 있다. 고대의 성신앙에는 득남·풍작 등 생산, 풍요 신앙이 다양하게 표현되어 있다. 남성의 큼직한 남근을 들어 올린 신라 토기 배 젓는 사제는 해랑당의 고대적 신앙 의례이다.

해신당에 봉안된 목각 남근 어머니의 품, 대지의 신, 바다의 신에게 바치는 마을민의 정성이 담겨져 있다. 강원도 삼척군 원덕읍 신남리. (옆면)

해랑당 안인진에서는 여신에게 남근을 봉헌하던 것을 남신의 위패로 대신하게 되었는데 이는 남녀신의 합위에 의해 더 이상 여신에게 남근을 바칠 필요가 없게 되었기 때문이다. 강원도 명주군 강동면 안인진리. (위)

이들 지역에서 여신에게 남근을 바치게 된 유래담을 보면 대개의 경우 처녀의 죽음과 관련되어 있다. 신남리에서는 '미역을 따러 바다에 나갔다가 풍랑에 휩쓸려 익사한 가난한 어부의 딸'을 위로하고자, 안인진에서는 '바다에 나간 약혼자를 기다리다가 지쳐 죽은 처녀' 또는 '그네를 타다가 바다에 떨어져 죽은 기생'을 위로하고자[80] 남근을 바치게 되었다고 한다. 이런 유래담에서는 마치 남근의 봉헌이 억울하게 죽은 처녀의 원혼을 위로하고자 하는 발상에서 나온 것처럼 전해진다. 그런데 유래담 뒤에는 흔히 이런 이유로 마을에 변고(變故)가 자주 발생하고 고기가 잘 잡히지 않았다는 이야기를 들을 수 있다. 결국 여기에서 처녀의 억울한 죽음이 몰고 온 마을의 불상사를 제거하고자 남근을 바치게 되었음을 알 수 있다. 따라서 유래담에 근거할 때 처녀신에게 남근을 봉헌한 것은 마을의 행운과 풍어를 기원하기 위해서였다고 하는 것이 더 실제적인 이유라고 생각된다. 실제로 제의에서 남근을 봉헌하는 의미가 여신의 위로보다는 풍어의 기원에[81] 있다고 하는 점도 이런 생각을 뒷받침하여 준다.

안인진에서는 여신에게 남근을 봉헌하던 것을 남신의 위패로 대신하게 된 과정이 전해진다. 곧 남녀신의 합위(合位)에 의해 더 이상 여신에게 남근을 바칠 필요가 없게 된 것이다. 이렇게 볼 때 여신에 대한 남근 봉안이 좀더 고대의 신앙 형태였다고 할 수 있다.

또한 이 지역에는 여신에 대한 유래담은 흔하지만 남신에 대한 유래담은 비교적 적은 편이다. 이런 점도 동해안 어촌 지역의 서낭 신앙이 본래 여신에 중점을 둔 것이 아닌가 하는 생각을 가능하게 한다. 그러다가 차츰 남신이 등장하고 이 남녀신이 마침내 부부 관계로 설정되는 데까지 이른 것이다.

이상에서 살펴본 강원도의 서낭 신앙을 요약하면 다음과 같다.

첫째, 서낭신으로 남신과 여신 두 분을 모시고 있다. 남신의 경우 위패를 봉안한 예가 많고 여신의 경우 위패가 보이기는 하지만 그림으로 모신 예가 많다(앞의 서낭당 유형 참조). 둘째, 이 남녀신은 이 지역 출신의 인

동해안 어촌의 풍어를 기원하는 모습 정성들여 상을 차린 후 용왕에게 해상 안전, 만선, 풍어를 빈다.

풍어제를 지내는 모습 용왕신이 내린 대나무 배서낭을 바다 쪽에 날리며 풍어와 해상 무사와 만선의 꿈을 빈다.

격신인 경우가 많고 대체로 부부 관계로 설정되어 제의 가운데 남녀신의 합사가 수반된다. 셋째, 동해안 어촌 지역의 경우에는 여신에 대한 남근 봉안이 좀더 앞선 신앙으로 보여지며 남신의 설정에 따라 차츰 남근의 봉안 사례는 소멸되고 있다. 넷째, 마을 수호신으로서뿐 아니라 풍어신으로서의 여신에 중점을 둔 신앙 형태이다. 다섯째, 제의 방식에 있어서는 무속식과 유교식 그리고 무속과 유교의 절충식으로 진행되고 있다.

부부(남녀)신　여신에 성기 봉납은 유교적 인습에 걸러져 의례적인 남녀 합사 신화로 변용되었다.

경상도의 서낭 신앙

경상도 지역의 서낭 신앙도 강원도와 거의 유사하다. 다만 강원도에서 볼 수 없었던 것으로 흔히 방울 걸린 '서낭대'가 서낭신의 신체로 신앙되고 있는 점과 서낭신이 골매기신과 결부되어 전승되는 점 등을 들 수 있다. 먼저 전자의 사례에 대해 살펴보기로 한다.

안동 하회 지방에서 모시고 있는 신은 '무진생 서낭님'이라고 하는 여신으로 이에 대한 제의는 매년 정월 15일과 4월 초파일 2회에 걸쳐 지내는 '동제'와 10년마다 지내는 '별신굿'이 있다. 특히 이 별신굿에는 오신(娛神) 행사로서 탈놀이가 수반되고 있어 강릉 단오굿에서의 국사 서낭제와 관노 탈놀이와도 비교된다.

제의 준비는 음력 12월 말경부터 시작되며 제관인 '산주(山主)'가 중심이 되어 산속에서 적절한 소나무로 서낭대를 만든다. 이때부터 주민들도 부정을 멀리하며 제사에 직접 참여하는 산주와 광대들은 제의가 끝나는 정월 15일까지 근신하며 목욕 재계한다. 정월 2일 광대들은 각자의 가면을 쓰고 산주와 함께 산정에 위치한 서낭당('상당'이라고도 함)으로 간다. 당앞에 제물을 차려 놓고 방울과 오색포가 걸린 서낭대를 세우고 강신을 청하고 이어 방울이 울리면 신이 내린 것으로 간주한다. 일행은 다시 이 서낭대를 들고 하산하는 도중 산 중턱의 '국시당'과 마을 가까이에 있는 '삼신당'에 들른 뒤 동사(洞舍)로 간다. 동사에 도착하면 처마에 서낭대를 기대어 세운 뒤 그 앞에 주민들이 준비한 음식 등을 차려 놓고 산주는 봉납된 옷가지와 천조각 등을 서낭대에 걸어 놓기도 한다. 그리고 나서 풍악을 울리며 별신굿 탈놀이를 한차례 연다.

다음날부터 서낭대를 앞세우고 걸립(乞粒)에 나서는데 일출 때 먼저 이 마을의 형성 당시부터 수호신을 모셨던 삼신당에 들른다. 그리고 나서 각 가호를 방문하는데 서낭대를 맞이한 집에서는 걸립패에게 음식을 대접하며 베나 광목 같은 천을 서낭대에 매어 놓기도 한다. 이렇게 하면 일년간 복

산속 깨끗한 곳에서 곧게 잘 자란 소나무가 서낭대로 선정되면 방울과 한지를 베나 광목으로 걸어둠으로써 서낭 신체가 탄생된다.

을 받기 때문이다. 걸립은 14일까지 이어지며 15일에는 다시 서낭당으로 가서 서낭대를 신당에 옮겨 놓는다. 신당의 제단에는 많은 제물이 차려지고 분향과 축문, 소지 등이 끝나면 방울을 해체하여 탈과 함께 다시 동사에 보관하고 서낭대를 천장에 올려 놓는 것으로 별신굿은 끝나게 된다. 옛날에는 이 별신굿에 무격도 참여하였다 한다.

방울 걸린 서낭대 방울 걸린 서낭대에 오색 비단을 묶어 서낭대의 신체로 신앙되고 있다. 서낭대 상부는 농기나 두레기의 정상부처럼 긴 꿩털로 장식함으로써 천신의 사자, 하늘과 인간을 연결하는 우주목의 의미까지를 포함한다. 경북 안동군 도산면 가송리.

서낭제 기간 동안 서낭신은 온 마을을 열려진 공간으로 성역화시킨다. 서낭제 날 먼저 서낭대를 앞세우고 걸립에 나서는데, 일출 때 이 마을의 형성 당시부터 수호신을 모셨던 삼신당에 들른다. 안동 지역의 별신굿.

제의 방식에서 과거에는 무격이 참여하는 무속식에 유교식이 절충된 것이지만 안동 지역의 매년제는 유교식
으로 진행되었다. 서낭제의도 시대의 영향을 받아 사제자 중심의 부족 의례, 무격이 주관하는 마을 제의와
굿, 분향/강신/헌작/축문/소지 등의 정형화된 유교식으로 다양성을 보인다. 안동 지역의 별신굿.

이상에서 보는 것처럼 하회 별신굿은 정월 2일 서낭대에 신을 내린 뒤 이 서낭대를 마을로 가져와 정월 14일까지 각 가호를 방문하고 다시 15일에는 서낭대를 당에 봉안하는 순서로 되어 있다. 제의 방식에서도 과거에는 무격이 참여하는 무속식에 유교식이 절충된 것이었으며 매년제는 유교식으로 진행되었다. 이 기간에 나타나는 중요한 신앙 요소들로 서낭대의 이동과 신간에 오색포나 옷가지, 천 등을 현납하는 것 그리고 제의 과정에 탈놀이가 있는 점에서 보면 강릉 단오제와 유사한 면이 보인다. 그리고 바로 이와 같은 점에서 한국 탈놀이의 기원을 서낭굿에서 구하기도 한다.[82]

반면 단오제와의 차이점이라면 서낭대에 방울을 걸고 서낭대가 각 가호를 방문한다는 점이다. 강릉 지역은 물론이고 강원도에서는 전혀 방울이 나타나지 않으며 또 서낭대의 가호 방문도 보이지 않는 것이다. 앞으로 좀 더 정밀한 조사가 선행되어야 하겠지만 대체로 방울 걸린 서낭대와 이 서낭대의 가호 방문은 경북 영양군, 안동군 등 내륙 지방에서 서낭 신앙과 관련되어 나타나고 있다. 따라서 우선 이 점을 경북 내륙 지방 서낭 신앙의 한 특색으로 볼 수 있다. 그런데 경상도 내륙 지방의 서낭 신앙도 해안의 어촌 지역으로 갈수록 성격을 달리하게 된다. 먼저 어촌 지역에서의 전형적인 서낭 신앙으로 생각되는 사례들을 아래에 도표로 제시하여 보았다.

지 역 명	제명	제일	기 타 사 항
울진군 평해면 후포리	골매기 서낭제	1월 15일·3월초·9월초	2년마다 굿을 함(3월초)
영일군 구룡포읍 구룡포	골매기 서낭제	매년 10월 3일 밤 10시	
영일군 구룡포읍 삼정리	골매기 서낭제	매년 10월 초순 택일	2년마다 굿을 함

후포리의 골매기 성황신은 '김씨 골매기 성황신'이라고도 하는데 김씨 성을 가진 사람이 최초로 이 마을에 들어왔기 때문이라고 한다. 하회 지방에 이러한 마을 개척신인 '삼신'과 '무진생 서낭님'이 공존하고 있는 점을 보면 이곳 후포리의 경우는 마을 개척자로서의 골매기와 서낭신이 서로 동

고대도의 골매기 서낭당 '골매기'란 고을 막이의 의미로 보통 마을에 최초로 들어와 마을을 형성하고 개척한 어른을 뜻한다.

일시되고 있는 듯하다.

'골매기'란 고을(谷) 막이(防)의 의미로 보통 마을에 최초로 들어와 마을을 형성하고 개척한 어른을 뜻한다. 죽은 뒤에는 그 후손들에게 또는 지역민들에게 마을의 수호신으로서 신앙되고 있는 인격신이다. 이러한 골매기에 대한 신앙은 강원도와 경상북도의 동해안에서 경상남도의 남동부 해안 지방 등에 주로 나타나고 대개 수목이 신체로 여겨지며 남신에 비해 여신인 경우가 많다. 이렇게 볼 때 '골매기 서낭제'란 곧 골매기신과 서낭신에 대한 독자적인 신앙이 서로 중복되면서 마침내 이 두 신이 하나의 신으로 동일시되어 형성된 신앙 체계로 추정해 볼 수 있다.

그런데 동남해안 어촌 지역에서의 서낭제는 기본적으로 주민들에 의해 매년 1~3회씩 치러지는 유교식 공동제와 몇 년에 한 번씩 무격들을 불러 행하는 서낭굿으로 대별된다. 결국 경상도 어촌 지역의 서낭 신앙도 서낭 신앙과 제의 방식을 같이하는 강원도 동해안 어촌 지역의 서낭 신앙권에 포함된다는 것이다. 반면 구룡포읍 삼정리에서 골매기 할매와 골매기 할배로 전해지고 있는 바와 같이 남녀신의 공존 관념이 일부 나타나고는 있지만 강원도만큼 뚜렷하지는 않다.

서낭 신앙의 두 가지 양상과 그 특성

　서낭신은 우리나라의 다른 마을 공동체 신앙과 마찬가지로 일차적으로 마을 수호신으로 신앙되고 있다. 서낭신에 대한 제의 역시 그 지역 주민들에 의해 주기적으로 치러지며 제의 방식에서도 무속식과 유교식 또는 무속과 유교의 절충식으로 진행되는 등 마을 공동 신앙의 일반적인 양상을 보여 주고 있다. 이런 점에서 마을 공동제로서의 서낭 신앙도 신명(神名)을 제외하고는 마을 공동제의 다른 대상신들과 내용상 뚜렷하게 구별된다고는 할 수 없다. 곧 산신이나 골매기신 또는 전라도의 당산신(堂山神) 등에 부여되고 있는 마을 수호신으로서의 성격이 서낭신에게서도 나타난다는 것이다. 따라서 마을 공동제의 대상신으로서 서낭신은 마을 수호신 역할을 하면서 산신, 골매기신 등과도 기능상 서로 복합되고 있다는 점을 우선 그 특징으로 지적할 수 있다.

　서낭당의 형태는 이미 앞에서 살펴보았듯이 크게 자연물로서의 돌무더기나 돌무더기와 수목의 복합 형태, 인공물로서의 신당의 형태로 나누어 볼 수 있다. 이와 같은 서낭당의 형태는 차츰 자연물이 소멸되어 가는 추세인데 반해 인공물은 비교적 생명력을 갖고 전승되고 있음이 현지 사례에서 확인된다.

　여기서 전자의 형태 곧 자연물로서 돌무더기 또는 돌무더기와 수목이 복합된 서낭당의 소멸은 이와 관련된 신앙의 소멸을 의미하는 것이라고 할 수 있다. 그리고 후자 곧 인공물인 신당 형태의 전승을 통해 현지의 서낭 신앙도 이에 따라 변질되어 가고 있음을 볼 수 있다.

먼저 이러한 점을 아래와 같이 도식화하여 살펴보기로 한다.

	자 연 물	인 공 물
당 형태	돌무더기, 돌무더기와 수목	신당
위 치	동구(洞口), 산록(山麓) 등	마을 신역이나 산중(山中)
제의 형태	개인제의 비손과 공동체	공동제
제의 의식	통행시 돌을 던지거나 침뱉기, 수목에 오색천 등의 헌납	정기적으로 무속식, 유교식 또는 무속과 유교의 절충식으로 제사
제의 목적	여행의 안전, 질병 치유, 소원 발부 등	마을의 무사, 풍농·풍어 등 질병의 방지, 가축의 번성 등

서낭당의 형태로서 돌무더기 자연물과 인공물 신당형 서낭은 위의 표에서와 같이 신당의 형태, 위치, 제의 형식, 제의 의식 및 목적 등에서 약간의 차이점을 드러낸다.

서낭 신앙의 양상과 관련하여 주목되는 것은 자연물로서의 서낭당에 대한 신앙 형태와 인공물로서의 서낭당에 대한 신앙 형태이다.

사실 서낭당의 호칭으로서 돌무더기는 서낭당에서만 보이는 독특한 형태이다. 돌무더기 서낭당은 현재 남아 있는 예를 찾아보기가 힘들 정도로 거의 소멸 단계에 있다. 한편 수목을 서낭신의 신체로 삼는 사례는 결코 서낭당에만 한정된 것은 아니다. 왜냐하면 수목은 흔히 산신이나 골매기신 또는 당산신의 신체로도 간주되고 있기 때문이다. 수목에 돌무더기가 쌓여 있을 경우 이것도 서낭당으로 간주된다. 여기서 수목에 돌을 던져 점차 돌무더기가 형성됨으로써 수목과 돌무더기가 복합된 형태로 서낭당이 등장하게 된 배경도 추정해 볼 수 있다.

반대로 수목과 돌무더기가 복합된 형태에서 수목의 노후나 소멸로 인하여 돌무더기만 남게 되었거나 돌무더기가 어떤 이유로 제거되어 결국 수목만 남아 서낭당으로 신앙되고 있는 것으로도 볼 수 있다.

인공물로 건립된 서낭당에 대한 신앙은 바로 위에서 언급했듯이 일반적인 공동체 신앙의 양상과 거의 유사한 내용으로 되어 있다. 무엇보다도 신당이 주로 마을 신역이나 산에 위치하고 있다는 점은 서낭당과 산신당의 역할이 서로 중복되고 있음을 의미한다. 또한 서낭당에서의 제의 의식이나 목적 등이 산신당에서의 그것과 서로 일치하고 있는 점을 보더라도 분명히 알 수 있다. 나아가 동일한 목적을 가진 마을 수호신들이 대상 신명의 차이에도 불구하고 마을 공동체 신앙에서 유사한 신격으로 서로 복합되어 가고 있음을 뜻한다. 가령 골매기신과 서낭신, 해랑신과 서낭신 등의 복합 양상은 바로 이러한 점을 보여 주는 것이다.

당의 위치에 있어서도 자연물로서의 돌무더기 서낭당은 마을 입구나 산록, 길가 등 사람이 통행하는 곳에 위치하고 있는 데 반해 인공물인 신당(서낭당)은 비교적 인적이 드문 마을의 신성한 장소나 산중에 위치하고 있다. 사람들이 지나다니는 곳에 위치한 서낭당에서는 돌을 던지거나 수목에 종이나 천조각 또는 오색 비단 등을 걸어 놓는 행위가 수시로 행해질 수 있지만 산중의 신당에는 정기적인 제사 때 외에는 흔히 출입이 금지되곤 한다. 또한 돌무더기 서낭당에서는 행인이 여행의 안전이라든가 생업의 번창 또는 가족 가운데 질병에 걸린 사람의 쾌유를 비는 등 주로 개인적인 목적을 위한 '비손(두 손을 모아 비비면서 신에게 소원을 비는 일)'과 신앙 행위가 나타난다. 여기서 돌무더기 서낭당에 대한 신앙 양상이 주로 개인제와 관련하여 여행자의 안전을 보호하는 노신(路神)과 질병의 치유신 및 기타 개인적인 축원의 대상으로 나타나고 있음을 볼 수 있다.

반면 신당으로서의 서낭당에는 평소에 일반인의 출입이 금지되며 무격과 같은 의례 전문가나 제관으로 선출된 주민 가운데 일정한 금기를 거친 사람만이 당에 들어가 의례를 집행할 수 있다. 이 경우 마을의 제재초복(除

돌무더기와 수목이 복합된 서낭당

災招福)이나 풍요, 질병의 방지, 가축의 번성 등과 같이 주로 마을 전체와 관련된 내용들이 기원된다. 이때 서낭 신앙의 양상은 마을 공동제의 대상으로서 수호신 및 풍요신으로서의 성격을 나타낸다.

이처럼 서낭 신앙의 양상은 자연물로 형성된 돌무더기 서낭당과 인공물로 형성된 신당으로서의 서낭당 사이에 다소 다르게 나타나고 있다. 산록의 돌무더기 서낭당은 점차로 소멸되어 가는 추세에 있고 아울러 이에 부여되었던 서낭신의 노신적 성격 및 기타 속성들도 함께 소멸되어 갈 것으로 생각된다. 이에 반해 신당으로서의 서낭당에 대한 신앙은 아직 현지에서의 전승 사례가 활발한 편이라고 할 수 있다. 특히 강원도와 경상도 일부 지역에서 그 지역 주민들에게 절대적인 신앙의 대상으로 전해지고 있음은 앞서 본 바와 같다. 이들 지역에 전해지는 서낭 신앙의 특성으로는 마을 수호신으로서의 성격 외에도 인격신이자 남녀 한 쌍의 부부신이 많은 점과 풍요신으로서 여신의 우월성이 보이고 있으며 서낭신의 제사 때 그 신체로서 서낭대를 중시하고 있는 점 등을 함께 지적하였다.

이와 같은 점을 고려하여 서낭 신앙의 양상과 그 특성을 정리하여 보면 다음과 같다. 먼저 서낭 신앙의 양상으로서는 산록의 돌무더기 또는 돌무더기와 수목의 복합 형태로 형성된 자연물 서낭당에 대한 신앙 내용과 인공물로 세워진 신당에서의 신앙 내용은 약간의 차이를 보이고 있다. 자연물일 경우 주로 개인적인 발복의 비손을 목적으로 신앙된 반면 신당으로 나타난 서낭신은 주로 마을 공동제의 대상으로 신앙된다. 개인제에서는 수시로 신앙이 표출될 수 있지만 공동제에서는 정기적으로만 제사의 대상이 되고 있다. 개인제에서는 서낭신이 노신으로서 또는 질병의 치유신 및 기타 개인의 기원 대상신으로 신앙되었지만 공동제에서는 마을의 무사나 풍요의 초래 등과 같이 마을 전체의 운명과 관련된 신격으로 나타나고 있다. 그리고 개인제의 대상으로서의 돌무더기 서낭당은 현재 소멸되어 가는 과정에 있고 이에 따라 서낭당의 독특한 형태로서 서낭신의 노신적 성격이나 기타 속성들도 함께 사라져 가는 것으로 보여진다.

인공물로 형성된 신당으로서의 서낭당　평소에 일반인의 출입이 금지되며, 이때 신당으로 나타난 서낭신은 주로 마을 공동제의 대상으로서 수호신 및 풍요신으로서의 성격을 나타낸다.

돌무더기 서낭당

신당에서 행해지는 마을 공동제 마을의 무사와 풍요를 기원한다.

　다음으로 서낭 신앙의 특성은 건축물로서의 신당보다는 자연물로 형성된 돌무더기에서 분명히 드러나는 것으로 생각된다. 왜냐하면 신당 형태의 서낭당 신앙에서 나타나는 마을 수호신이라든가 풍요신 등은 다른 마을 공동체 신에서도 나타나지만 돌무더기 형태는 서낭당에서 주류를 이루기 때문이다. 서낭 신앙의 좀더 고유한 특성은 돌무더기(또는 수목)로 형성된 당 형태와 이런 서낭당이 놓여진 위치에서 찾아볼 수 있으며 행인이 이를 통과할 때 이루어지는 돌을 던지거나 침을 뱉는 행위 등과 수목에 대한 현납 속과 같은 비손 기원 신앙 행위에서 찾아보아야 할 것이다. 그리고 서낭당에 돌을 던진다거나 수목에 천조각 등을 현납하는 행위는 본래 공물로서의 의미를 지니던 것이었는데 이런 공물이 그대로 남게 됨에 따라 마침내 서낭당의 한 형태로까지 인식되기에 이른 것으로 생각된다.

서낭 신앙의 의의

　서낭 신앙은 돌무더기 또는 돌무더기와 수목의 복합이라는 특유한 당의 형태에서뿐 아니라 이와 유사한 몽골의 오보나 중국에서 전해진 성황과도 비교되는 신앙 형태이다. 이 글에서는 서낭 신앙이 우리나라에서 독자적으로 발생한 것이라 해도 지금까지 아무런 변화없이 그대로 전해져 왔다기보다는 민족 고유의 자생 서낭 신앙에 몽골의 오보나 중국의 성황 신앙에서 일정한 영향을 주고 받아 전승되어 왔다고 하는 관점을 취하였다. 이러한 관점은 결국 현재 전하고 있는 서낭 신앙이 오보나 성황 등과도 내용상 유사한 신앙임을 전제로 한 것이다. 사실 현전하는 서낭 신앙의 내용에서 보더라도 서낭 신앙에는 오보 신앙과 유사한 성격이 보이고 조선 초기 이래 국행제로서 지방 사회에 보급된 중국의 성황사에서도 영향을 받은 요소들이 담겨 있다.

　이렇게 볼 때 서낭 신앙은 다른 마을 공동체 신앙에 비해서는 비교적 풍부한 문헌 기록을 남기고 있음을 알 수 있다. 대부분의 마을 공동체 신앙은 그 역사적 전승력에도 불구하고 당대에 이른바 음사나 미신으로만 인식되어 이렇다 할 기록이 남아 있지 않다. 반면에 서낭 신앙은 성황과 관련된 기록이나 당시 민간에서 행해지고 있었던 서낭 신앙에 대한 부정적인 기록까지 포함하여 어느 정도 신앙의 역사를 복원할 수 있다는 점에서 일

마을 공동제로서의 서낭 신앙　서낭제에서 축원하는 내용의 성취 여부는 무엇보다 주민과 마을민, 마을을 대표하는 제관이 금기를 준수하고 거기에 들이는 정성에 따라 결정되는 것으로 생각된다. 마을 주민 역시 제관에 비해 상대적으로 약화된 금기라 하더라도 일정한 금기를 준수하여야만 신이 자신들의 기원을 받아들여 줄 것으로 여기고 있다.

차적인 의의를 찾을 수 있다. 또한 이처럼 민간에서 전승된 서낭(또는 성황) 신앙사의 복원을 통해 수집된 자료를 제공함으로써 기록이 전하지 않는 다른 마을 공동체 신앙사의 연구에 일조를 한다는 점에서 또 하나의 의의를 찾아볼 수 있다.

그러나 서낭 신앙에서 좀더 중요한 점은 이를 수용하고 신앙하여 온 민중들의 신앙 심리에서 찾을 수 있다. 여행 때 다가올 수도 있는 위험으로부터 안전을 위해, 마을 입구를 통해 드나들 수 있는 온갖 질병이나 재액의 방지를 위해 혹은 바라는 바의 성취를 위해 민중들은 고갯마루나 산록, 마을 입구 등을 통과하며 정성껏 돌을 쌓아 올렸고 나뭇가지에 천조각 등을 걸며 기원함으로써 불안을 해소할 수 있었다는 점이 곧 돌무더기와 현납속으로 나타나는 서낭당 신앙의 전승 기반이었던 것으로 보여진다.

앞서 말했듯이 현재 서낭 신앙은 주로 마을 공동제의 대상 신격으로서 돌무더기와 신목과 신당 형태로 전승되고 있다. 이 경우 현지 주민들은 서낭신에 대한 정기적인 제의를 통해 마을 전체와 관련된 내용들을 축원한다. 기원 내용의 성취 여부는 단지 제의를 지냈다고 하는 점에 있는 것이 아니다. 무엇보다도 마을을 대표하는 제관이 제의 기간 동안 정해진 금기를 준수하고 거기에 들이는 정성에 따라 결과가 좌우되는 것으로 생각된다. 그러나 제관만 금기를 준수하는 것은 아니다. 마을 주민 모두가 제관에 비해 상대적으로 약화된 금기라 하더라도 역시 일정한 금기를 준수하여야만 신이 자신들의 기원을 받아들여 줄 것으로 여기고 있다. 이것은 제의 전에 마을 전체가 공동의 금기를 준수한다는 것을 의미한다. 공동의 운명을 위해 공동 금기를 준수하는 것은 결과적으로 주민들에게 지연 공동체의 성원임을 확인시켜 주는 기능을 한다.

이러한 지연성은 다시 제의의 공동 준비 및 공동 참여를 통해서도 나타나고 있다. 개인제와 달리 공동제에서는 주민 전체와 관련된 내용들이 축원의 대상이 되므로 지연이 강조될 수밖에 없다. 그리고 이를 통해 주민들에게 지연에 따른 연대와 역사 의식을 공유한 '우리 의식'이 강화되는 계

서낭 신앙　공동의 금기를 준수하고 제의와 음복을 통하여 우리 의식을 심어 주는 공동체 신앙을 이룬다.

기가 부여되기도 한다.

　개인제 또는 마을 공동제로서의 서낭 신앙의 의의는 바로 이러한 점에서 찾을 수 있다. 개인제에서 나타나는 다양한 신앙 욕구의 충족과 공동제에서 보이는 역사성, 지연성과 연대감의 부여는 민중 신앙을 그 숱한 박해와 혁파책에도 불구하고 지금껏 이어져 오게 한 전승력의 기반이라 할 수 있다.

주(註)

1) 김태곤, 「서낭당연구」, 『한국민간신앙연구』, 집문당, 1983.

2) 하효길, 「귀신」, 『한국민속대관』 3, 고려대학교 민족문화연구소, 1982, 430쪽.

3) 『삼국사기』 권24, 백제본기, 근구수왕조.

4) 최덕원, 「우실〔村垣〕의 신앙고」, 『한국민속학』 22, 민속학회, 1989.

5) Bourdaret, *En Coree*, 1904, 74쪽.

6) 손진태, 「장생고」, 『한국민족문화의 연구』(『손진태선생전집』, 태학사, 1981.)

7) 조지훈, 「누석단·신수·당집 신앙 연구」, 『조지훈전집』 7, 일지사, 1973.

8) 김태곤, 「서낭당 신앙」, 『한국민간신앙연구』, 집문당, 1983.

9) 신복룡, 「서낭(성황)의 군사적 의미에 관한 연구」, 『학술지』 26, 건국대학교, 1982, 225~255쪽.

10) 赤松智城·秋葉隆, 『滿蒙의 民族과 宗敎』, 大阪屋號, 1941, 252쪽.

11) 細谷淸, 『滿蒙民俗傳說』, 1936, 194쪽.

12) 김광언, 「고산지방의 오보신앙 현장」, 『바람의 고향·초원의 고향』, 조선일보사, 1993, 315쪽.

13) 김태곤, 「제주도 신당의 현납신앙」, 『한국민간신앙연구』, 1983, 177~186쪽.

14) 『五洲衍文長箋散稿』 卷43, 華東淫祀辨證說條. 원문은 다음과 같다.
   "我東八路嶺縣處 有先王堂 卽城隍之誤"

15) 『星湖塞說』 卷4, 萬物門 城隍廟條 "國俗喜事鬼 或作花竿 亂掛紙錢 村巫恒謂之 城隍神"

16) 『辭源』 "成池卽城河也 所以爲保障之用也" 또 『說文解子』 14篇下 隍條에는 "隍城池也 有水日池 無水日隍矣"라 기록되어 있다.

17) 『禮記』 卷11, 郊特牲에 "天子大蜡八 伊耆氏始爲蜡蜡也者索也 十二月合聚 萬物而索饗之也"라 되어 있고 주에는 "蜡祭八神 (中略) 水庸七 (下略)"이라 기록한 것이 보인다.

18) 이능화, 『朝鮮巫俗考』 城隍條, 1927.

19) 『北齊書』 卷20, 慕容儼傳.

20) 이능화, 앞의 책.

21) 『高麗史』 卷63, 禮志 5, 雜祀條 "(文宗) 九年 三月 壬申 宣德鎭新城 置城隍神祠 賜號 崇威春秋致祭"

22) 『高麗史』 卷90, 宗室列傳 安宗郁條 "嘗密遣顯宗金一囊日 我死以金贈術師 令葬我縣 城隍堂南歸龍洞"

23) 최근의 연구에서는 중국의 성황이 고려 성종대보다도 더 이른 시기에 전래되었을 가능성도 제시되고 있다. 정승모(「성황사의 민간화와 향촌사회의 변동」, 『태동고전연구』 7, 1991)는 중국의 성황사가 당나라 이전에 이미 존재하였으므로 당의 영향을 받은 신라에서도 성 안에 성황사가 세워졌을 것이라 하였고, 김갑동(「고려시대의 성황신앙과 지방통치」, 『한국사연구』 74, 1991)은 고려의 후삼국 통일 이후부터 각 군현에 세워지기 시작하여 광종대에 본격화된 것으로 보았다.

24) 김갑동, 앞의 글, 12쪽. 유홍렬도 「조선의 산토신 숭배에 대한 소고」(『민속의 연구』 1, 정음사, 1985) 란 글에서 성황이 고려 중기에 이르러 전국적으로 봉사되었다고 하였다.

25) 『高麗史』 卷98, 金富軾傳 "(前略) 使人祀諸城隍神廟"

26) 『高麗史節要』 高宗 23年 9月 "蒙兵 圍溫水郡 郡史玄呂等 開門出戰 大敗之 (中略) 王以其郡城隍神 有密祐之功加封神號"

27) 『世宗實錄地理志』 全羅道 茂珍郡條.
    『新增東國輿地勝覽』 卷35, 光山縣 祠廟條.

28) 『高麗史』 卷63, 志17, 禮5. "九年三月甲午祭諸道州郡城隍于諸神廟以謝戰捷"

29) 『高麗史』 卷99, 列傳12, 咸有一傳 "又爲朔方道監倉使 登州城隍神麘降於巫 奇中國家禍福 有一諧祠 行國祭"

30) 『高麗史』 卷29, 忠烈王 7年 正月 丙午條.
    『高麗史』 卷33, 忠宣王 復位年 11月條.

31) 『高麗史節要』 卷14, 神宗 6年 4月條에도 성황사와 무격이 관련된 일화가 전하고, 『高麗史』 卷107, 列傳 20, 權和傳에 보면 고려 말기인 우왕(1374~1388년) 때에도 무격들이 성황을 섬긴 일화가 보인다.

32) 『高麗史』 卷35, 忠肅王 15年 7月 庚寅條.

33) 신흥사대부의 이와 같은 태도는 『世宗實錄』 卷23, 6年 甲辰 2月 丁巳條에 "古禮唯國君 得祭封內山川 今庶人皆得祭焉 名分不嚴"이라 한 데서 분명히 나타난다.

34) 『太祖實錄』 卷1, 元年 壬申 八月.

35) 한우근, 「조선왕조 초기에 있어서의 유교 이념의 실천과 신앙·종교」, 『한국사론』 3, 서울대학교 국사학과, 1976.
    김태영, 「조선초기 사전의 성립에 대하여」, 『한국사논문선집』 Ⅳ, 일조각, 1976.

36) 『太祖實錄』 卷2, 元年 壬申 9月 壬寅條.

37) 『高麗史』 卷63, 恭愍王 19年 7月 壬寅條.

38) 『太宗實錄』卷24, 12年 12月 辛未條.

39) 『太宗實錄』卷25, 13年 6月 己卯條.

40) 『世宗實錄』卷34, 8年 11月 丙申條, 「패관잡기」, (『대동야승』卷4 수록)

41) 『太宗實錄』卷29, 15年 6月 庚寅條. 이 밖에 世宗 11年 4月 癸巳條 및 25年 10月 丁酉條에도 무
격을 동서활인원에 배속시킨 사실이 보인다. 『朝鮮巫俗考』참조.

42) 『世宗實錄』卷34, 8年 11月 丙申條에는 사간원에서 국무당의 폐지를 청하고 있다. 이것으로 보아
이 시기 이전에 국무당을 두었음을 알 수 있다.

43) 『世宗實錄』卷60, 15年 6月 甲辰條.

44) 『世宗實錄』卷101, 25年 8月 丁未條.

45) 『成宗實錄』卷58, 6年 8月 癸未, 己丑條.

46) 『成宗實錄』卷98, 9年 11月, 丁亥條.

47) 『新增東國輿地勝覽』참조.

48) 『中宗實錄』卷24, 11年 丙子 2月 甲戌條.

49) 『中宗實錄』卷25, 11年 丙子 6月 癸丑條.

50) 『新增東國輿地勝覽』卷32, 固城縣 祠廟條.

51) 『中宗實錄』卷26, 11年 丙子 10月.

52) 『中宗實錄』卷31, 12年 丁丑 12月 戊午條.

53) 『永嘉志』(1608)

54) 『五洲衍文長箋散稿』卷43, 華東淫祠辨證說條.
　　"我東八路嶺峴處 有仙王堂 卽城隍之誤 古叢祠之遺意歟 是如中國嶺上之關索廟也 或建屋以祠 或疊
　　砂石 成磊磈於叢林古樹之下以祠之 行人膜拜唾之而去 或懸絲緯 或掛紙條扚發累然 其積磊以祠
　　者"

55) 문화재관리국, 『부락제당』, 1969, 18~28쪽, 본 보고서에서는 서낭당을 성황당으로 표기하고 있으
므로 이에 따른다.

56) 장주근, 「한국의 신당형태고」, 『민족문화연구』1, 고려대학교 민족문화연구소, 1964.

57) 조지훈, 「서낭간고」, 『조지훈전집』7, 일지사, 1973.
　　최길성, 「부락신앙」, 『한국민속대관』3, 고려대학교 민족문화연구소, 1982, 171쪽.

58) 김태곤, 『한국민간신앙연구』, 1982, 92쪽.

59) 김태곤, 앞의 책, 92~93쪽.

60) Bishop, *Korea and Her Neighbours*, 1898.

　　Lowell, *Chosen : The Land of Morning Calm*, 1885.

　　『한국지』(한국정신문화연구원) 등.

61) 장주근, 「한국의 신당형태고」, 『민족문화연구』 1, 1964, 179쪽.

62) 이종철, 「장승과 솟대에 대한 고고민속학적 접근 시고」, 『윤무병박사환갑기념논총』, 1984, 511쪽.

63) 손진태, 앞의 글, 195~219쪽.

64) 『太祖實錄』 卷1, 元年 壬申 八月條의 禮曹典書 趙璞의 건의

65) 『世宗實錄』 卷78, 19年 丁巳 3月 癸卯條 참고.

66) 장정룡, 「강원도 서낭 신앙의 유형적 연구」, 『한국민속학』 22, 1988, 97쪽.

67) 이능화, 『朝鮮巫俗考』 城隍條.

68) 조지훈, 『서낭간고』, 1966, 60쪽.

　　성균관대학교 『안동문화권학술조사보고서』, 1967, 27~31쪽.

69) 村山智順, 『部落祭』 朝鮮總督府, 1937, 29~35쪽.

70) 천진기, 「말에 대한 한국인의 관념과 태도」, 『한국 민속과 문화 연구』, 1990, 343쪽.

71) 김태곤, 「국사당신앙연구」, 『백산학보』 8, 1970, 79쪽.

72) 문화재관리국, 『부락제당』, 1969, 18~28쪽.

73) 허균, 『惺所覆瓿藁』, 卷14, 文部 贊(17세기 초 편찬).

74) 『江陵誌』, 卷2, 風俗條.

75) 村山智順, 『部落祭』, 1937, 62쪽.

76) 임동권, 「강릉 단오제」, 『한국민속학논고』, 1971, 216~217쪽에서 축약.

77) 村山智順, 앞의 책, 62쪽.

78) 김선풍, 『강릉단오굿』, 열화당, 1987, 114쪽.

79) 장정룡, 「강원도 서낭신앙의 유형적 연구」, 『한국민속학』 22, 1989.

80) 김선풍, 「동해안 성황설화와 부락제고」, 1978.

81) 두창구, 「영동지방 성황설화 연구」, 『강원민속학』 9, 강원도민속학회, 1992.

82) 서연호, 『서낭굿탈놀이』, 열화당, 1991.

참고 문헌

『朝鮮王朝實錄』

『五州衍文長箋散稿』

『禮記』

『永嘉志』

『新增東國輿地勝覽』

『世宗實錄地理志』

『星湖僿說』

『惺所覆瓿藁』

『說文解字』

『三國史記』

『辭源』

『北齊書』

『大東野乘』

『高麗史節要』

『高麗史』

『江陵誌』

문화재관리국 편, 『한국민속종합조사보고서』, 경북, 강원, 충북.

강성복, 「마을 공동체에서의 탑신앙」, 『금산문화』, 1988, 금산문화원.

김갑동, 「고려시대의 성황신앙과 지방통치」, 『한국사연구』 74, 한국사연구회, 1991. 9.

김광언, 「고산지방의 오보신앙 현장」, 『바람의 고향·초원의 고향』, 조선일보사, 1993.

김선풍, 「동해안의 성황설화와 부락제고」, 『관동대학논문집』 6, 관동대학교, 1978.

──, 『강릉단오굿』, 열화당, 1987.

김의숙, 「서낭제」, 『한국민속제의와 음양오행』, 집문당, 1993.

김태곤, 「국사당신앙연구」, 『백산학보』 8, 백산학회, 1970.

──, 「서낭당신앙」, 『한국민간신앙연구』, 집문당, 1983.

──, 「제주도신당의 현납신앙」, 1983.

김태영, 「조선초기 사전의 성립에 대하여」, 『한국사논문선집』 4, 일조각, 1976.

김택규, 『한국농경세시의 연구』, 영남대학교 출판부.

두창구, 「영동지방 성황설화 연구」, 『강원민속학』 9, 강원도민속학회, 1992.

러시아대장성 편(한국정신문화연구원 역), 『한국지』.

박계홍, 『한국의 촌제』, 1982.

박진태, 『탈놀이의 기원과 전개』, 새문사, 1990.

변덕진, 「한국 민간신앙에 있어서의 성황신에 대하여」, 『효성여대 연구 논문집』 4, 1968.

서연호, 『서낭굿탈놀이』, 열화당, 1991.

성균관대학교, 『안동문화권학술조사보고서』, 1967.

성병희, 「하회별신탈놀이」, 『한국민속학』 12, 민속학회, 1981.

세곡청, 『만몽민속전설』, 1936.

손진태, 「석전고」, 『손진태선생전집』, 태학사, 1981.

────, 「장생고」, 『손진태선생전집』, 태학사, 1981.

────, 「조선 고대 산신의 성에 취하여」, 『손진태선생전집』, 태학사, 1981.

────, 「조선의 누석단과 몽골의 오보에 취하여」, 『손진태선생전집』 2, 태학사, 1981.

신복룡, 「서낭(성황)신앙의 군사적 의미에 관한 연구」, 『학술지』 26, 건국대학교, 1982.

유홍렬, 「조선의 산토신숭배에 대한 소고」, 『민속의 연구』 1, 정음사, 1985.

이능화, 『조선무속고』, 1927.

이두현 외, 『부락제당』, 문화재관리국, 1969.

임동권, 「강릉 단오제」, 『한국민속학논고』, 집문당, 1971.

이종철, 「안계마을의 민속지」, 『석주선교수회갑기념 민속학논총』, 1971.

────, 「장승과 솟대에 대한 고고민속학적 접근 시고」, 『윤무병박사환갑기념논총』, 1984.

이필영, 「충남 금산의 탑신앙 연구」, 『백제연구』, 충남대학교 백제연구소, 1988. 12.

────, 「마을 공동체와 솟대신앙」, 『손보기박사 정년기념 고고인류학 논총』, 지식산업사, 1988.

장덕순 외, 『구비문학개설』, 일조각, 1971.

장정룡, 「강릉지방 솟대연구」, 『강원민속학』 5 · 6, 강원도민속학회, 1988.

장정룡, 「강원도 서낭 신앙의 유형적 연구」, 『한국민속학』 22, 민속학회, 1989.

장주근, 「한국의 신당형태고」, 『민족문화연구』 1, 고려대학교 민족문화연구소, 1964.

赤松智城 · 秋葉隆, 『만몽의 민족과 종교』, 대판서옥, 민속원영인본, 1941.

赤松智城・秋葉隆, 『조선무속의 연구』, 대판서옥.

정동찬, 「충남 금산지역 유적조사보고」, 『충북사학』 1, 충북대학교 사학회, 1987.

정승모, 「성황사의 민간화와 향촌사회의 변동」, 『태동고전연구』 7, 1993.

조지훈, 「누석단·신수·당집 신앙연구」, 『조지훈전집』 7, 일지사, 1973.

──── , 「서낭간고」, 『조지훈전집』 7, 일지사, 1973.

천진기, 「말에 대한 한국인의 관념과 태도」, 『한국민속과 문화연구』, 1990.

村山智順, 『부락제』, 조선총독부, 민속원영인본, 1937.

최길성, 「부락신앙」, 『한국민속대관』 3, 고려대학교 민속문화연구소, 1982.

최덕원, 「우실[村垣] 신앙고」, 『한국민속학』 22, 민속학회, 1989.

秋葉隆, 「강릉단오제」, 『조선민속지』, 민속원영인본, 1954.

한우근, 「조선왕조 초기에 있어서의 유교이념의 실천과 신앙·종교」, 『한국사론』 3, 서울대학교 국사
학과, 1976.

빛깔있는 책들 101-28

서낭당

글	―이종철, 박호원
사진	―송봉화

발행인	―장세우
발행처	―주식회사 대원사

편집	―황운순, 이보라, 최명지
미술	―손승현
기획	―조은정
전산사식	―이규헌, 육세림
총무	―정만성, 정광진, 우복희
영업	―조용균, 강성철, 박은식, 김수영
이사	―이명훈, 이상갑

첫판 1쇄	―1994년 10월 15일 발행
첫판 4쇄	―2006년 5월 30일 발행

주식회사 대원사
우편번호/140-901
서울 용산구 후암동 358-17
전화번호/(02) 757-6717~9
팩시밀리/(02) 775-8043
등록번호/제 3-191호
http://www.daewonsa.co.kr

(ᄇ) 값 13,000원

Daewonsa Publishing Co., Ltd.
Printed in Korea(1994)

ISBN 89-369-0158-3 00390

빛깔있는 책들

건강 식품(분류번호 : 202)

즐거운 생활(분류번호 : 203)

건강 생활(분류번호 : 204)

한국의 자연(분류번호 : 301)

미술 일반(분류번호 : 401)

역사(분류번호 : 501)